世界一やさしい

「やりたいこと」

の見つけ方

如何找到想做的事

珍藏版

[日]八木仁平 著 徐艺菊 译

机械工业出版社
CHINA MACHINE PRESS

图书在版编目（CIP）数据
如何找到想做的事：珍藏版 / (日) 八木仁平著；徐艺菊译. -- 北京：机械工业出版社, 2025. 6. (2025.11重印).
ISBN 978-7-111-78531-6
Ⅰ. B848.4-49
中国国家版本馆CIP数据核字第2025G1R216号

机械工业出版社（北京市百万庄大街22号　邮政编码100037）
策划编辑：许若茜　　责任编辑：许若茜
责任校对：杜丹丹　张慧敏　景　飞　　责任印制：单爱军
中煤（北京）印务有限公司印刷
2025年11月第1版第3次印刷
130mm×185mm · 7.5 印张 · 2插页 · 125千字
标准书号：ISBN 978-7-111-78531-6
定价：69.00元

电话服务
客服电话：010-88361066
010-88379833
010-68326294

网络服务
机　工　官　网：www.cmpbook.com
机　工　官　博：weibo.com/cmp1952
金　书　网：www.golden-book.com
机工教育服务网：www.cmpedu.com

赞誉

找到自己最喜欢的人，找到自己最喜欢的事——在当今世界，这是一个人一辈子的追寻。很多书都在探讨这个重要的选择，而本书有着鲜明而深切的感悟。全书要言不烦，直切当代人的生命迷局，从“易变性、不确定性、复杂性、模糊性”四大困境破题，引导读者打开自我认知，在“喜欢的事、擅长的事、重要的事”中发现人生落足点，建立一生的热爱。尤其是书中突出了“价值观”的核心作用，阐明“工作目的”和“人生目的”必须与社会发展有机融合，我们方可建立个体与世界的生命统一性。这是一本特别值得细读的书，对当下青年文化的探索具有鲜活的参照意义。

梁永安　复旦大学人文学者、教授、作家

多数时候，我们误以为成功最重要的是靠毅力，每个人都咬牙坚持着，哪怕并不合适。但其实你仔细观察那些持久成功的人，他们无一不是在热爱中奔跑，当然也会辛苦（做成什么事都不容易），但是他们在辛苦中并不是咬牙坚持，而是兴致勃勃。

这些年我总结了一个公式：成事 = 易力 + 毅力。易力是做自己热爱之事而产生的愉悦感，是你忍不住想要做一件事，是你做这件事时感到自己很强大。在这之后，才是毅力。我曾做过一次年度演讲，题目就叫作“找到你人生中最重要的事”，看到这本书时，忍不住想跟作者隔空击掌。期待你翻开这本书，找到自己人生中最重要的事。

崔璀　职场教育平台优势星球创始人、
优势管理研究者

做正确的事，一直都是我的座右铭。这本书帮你系统、客观地认知自己，让努力变得精准、轻松、有价值。

张萌　青创品牌创始人、作家，
代表作《人生效率手册》

序

一本让你找到“想做的事”的书

“不知道要不要继续做这份工作，很烦闷……”

“想做些事情，但不知道自己想做什么……”

拿到这本书的你或许正有这样的烦恼，本书将帮你解决这种烦恼。

过去的我有着同样的感受。不知道自己想做什么，只是躺在床上不停地刷YouTube，过着自甘堕落的生活。当然，我想改变那样的自己，并且打算付诸行动。只是，我想做事，却不知道该做什么，能量满满却无处发挥。

本书总结了从当时的状态到现在，我所学习和实践的一切。

现在我早上醒来时，一想到“今天也要做想做的事”，就雀跃不已。白天一直专注于想做的事，到了晚上睡觉前，我就会带着“想做的事都做完了”的充实感入睡。我并没有发生改变，我只是找到了发挥能量的地方——“想做的事”。

拿到这本书的你或许正处在我过去的状态中，但是，你拥有更多可能性。如果能找到发挥自己能量的地方，你的人生将发生翻天覆地的变化（见图 0–1）。

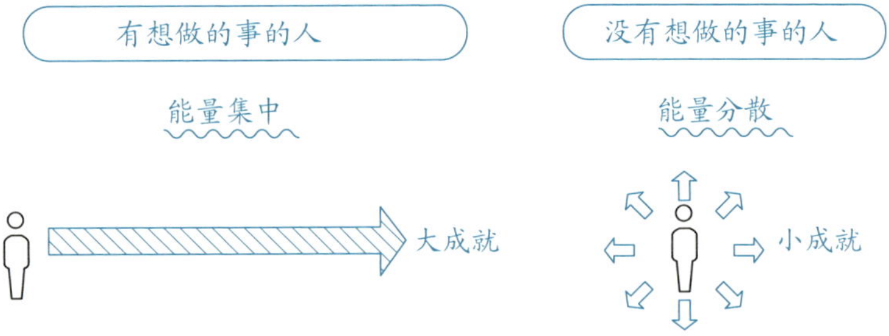

图 0–1

通过找到“想做的事”进入成长循环

读了这本书，你可以通过“想做的事”使自己不断成长，进入成长循环（见图 0–2）。

- 从自己“想做的事”中学习成长
- 学以致用、帮助他人，获得报酬和感谢
- 将报酬再投资于学习
- 用精进的技术获得更高的报酬

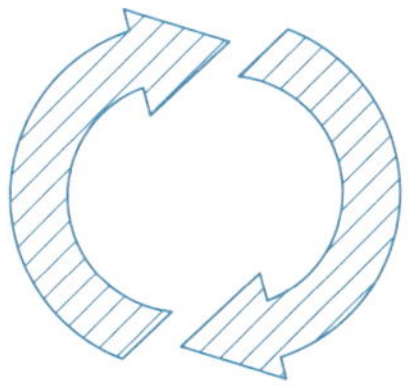

图 0-2

本书可以帮你进入这种良性循环，进入循环的重点在于找到“想做的事”。

如果你的工作不是你“想做的事”，在好不容易要进入成长循环的时候，你的内心会感到不安，觉得“走另一条路是不是更好呢？”；或者中途折返，认为“走原路好像更开心”，于是又回到了原点。

如果不能将“想做的事”作为工作，你将会进入两种恶性循环（见图 0-3）。

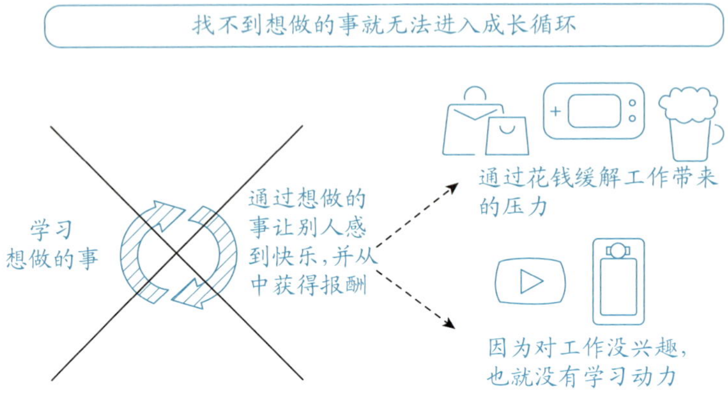

图 0–3

第一种恶性循环：通过花钱缓解工作带来的压力。比如出席可有可无的酒局，参加娱乐活动，买不必要的名牌衣服等，花钱的方式总是无穷无尽的。

第二种恶性循环：因为对工作没兴趣，也就没有学习动力，所以无法成长。一到家就拿着手机不停地刷YouTube，懒散度日。打发时间的娱乐活动有很多，如果没有明确“想做的事”，只会一直浪费时间。

从这两种恶性循环来看，不能将“想做的事”作为工作的人，就会停止成长。这样一来，起初觉得无聊的工作，会因为自己在其中一直得不到成长而变得更加无聊，于是就进入“恶性循环”，慢慢失去了动力。

你也陷入“恶性循环”了吗？

寻找“想做的事”需要方法，有方法谁都可以找到“想做的事”

也许有人会想：虽说如此，但我没有想专心投入的事情。我以前确实也这样想过，来找我咨询的客户一开始也会这样说。但是请放心，寻找“想做的事”一点都不难。和解数学题一样，寻找“想做的事”也是有公式的。

我将这个公式称为“自我认知法”。

通过“自我认知法”找到自己“想做的事”的客户都像变了个人一样，和我最初见到他们的时候完全不同，不但变得容光焕发，生活也充实起来，可以自信地说出：“这就是我想做的事！”

看到人生发生翻天覆地变化的客户，我确信了一点：有些人并不是没有“想做的事”，只是不知道寻找“想做的事”的正确方法。

本书在第一章中以“阻碍找到‘想做的事’的5种误区”为题，列举了5种找不到“想做的事”的失败情况。在这之后会介绍“自我认知法”，帮助读者从内心发掘只属于自己的“想做的事”。

可以解决“所有烦恼”的根本法则

本书介绍的方法适用人群广泛，包括但不限于以下群体：

- 找工作的大学生
- 创业者
- 自由职业者
- 准备跳槽的人

不论是谁，只要想把自己的工作变成热爱的事业，都可以有效利用本书介绍的方法。找工作、创业、跳槽，都只是为了实现自己“想做的事”的手段而已，你首先应该寻找的是“想做的事”。

我的客户来自各行各业，有“正在找工作的大三学生”“自由职业者”“创业者”“准备跳槽的工薪族”“家庭主妇”等。因为本书介绍的方法抓住了本质，任何人在任何时代都可以灵活运用，不必拘泥于工作方式。这是我经过自身实践得出的，也是每年在帮助200位客户寻找“想做的事”时得到反复证实的方法。

另外让人惊讶的是，在用“自我认知法”寻找“想做的事”的过程中，“人际关系”“健康状况”等工作之外的烦恼也得到了解决。

我将在本书中介绍一些用“自我认知法”取得成功的客户案例。

- 从 21 岁开始寻找了 7 年，终于找到了“真正想做的事”（20 多岁的男性，IT 技术顾问）。

在了解自己之前，我曾对自己的生活感到困惑：这样活下去没问题吗？虽然试图通过读书寻找自己想做的事，但最终还是没有找到真正想做的事。

我之所以在学习八木先生的“自我认知法”后能找到自己想做的事，主要原因在于“自我认知法”很有系统性，我学了之后有种认同感。

- 不敢想象没有遇到“自我认知法”的自己（20 多岁的女性，在餐饮店工作）。

在了解自己之前，我很在意别人的眼光，容易表现得八面玲珑。但明确了自我价值观后，我变得可以说出真心话，也能做真实的自己。正因为如此，我的生活慢慢接近理想状态，身边都是我真正想去珍惜的人。

健康方面也发生了很大改变。在开始了解自己之前，我被诊断为自律神经失调，经常关注已经过去的消极事件。

自从了解自己后，我明晰了理想中的未来，能体会到自己每天一点点进步的感觉，让我欢欣雀跃的事情也变多了。

赶快寻找想做的事吧，从“迷茫”中解脱出来

我的愿望是希望大家尽快找到“想做的事”。

随着年龄增长，人们会被来自外部期待的“应该做的事”所束缚。比如：

- 作为社会人应该做的事
- 作为上司应该做的事
- 作为父母应该做的事

在寻找“想做的事”的过程中，“应该做的事”会变成拖后腿的借口。而明确“想做的事”的人在被迫做“应该做的事”时，可以明确说“不”。因为他明白自己“需要什么”和“不需要什么”。

明确“想做的事”的人能够掌握自己所需的技能和知

识，变得更加自由。相反，被“应该做的事”束缚的人，碍于情面和传统观念，变得越来越不自由，然后转头教育年轻人：“学生时代是最快乐的时候，趁现在好好玩吧！”我非常讨厌这种人，因此不希望拿到这本书的你将来变成这样的人。用行动证明，倾注全力去做“想做的事”，人生会越来越开心。

没有人比别人聪明 100 倍，但就是有人能取得更大的成就。为什么呢？

因为有的人比别人更懂得如何使用自己体内的能量。

成功人士会把能量集中在一个方向。因为找到了明确的人生目标，所以他们不会随波逐流。另外，努力接近那个目标的他们，也知道自己拥有哪些优势，因此，他们不会将能量持续消耗在不擅长的事情上。他们不是靠拼命努力，而是靠纯粹的好奇心驱使着行动。因此他们做事时不会违背内心，而且会比其他人更有行动力。

也就是说，成功人士知道如何发挥自己的长处。

上面说的并不是什么特别的东西，而是谁都可以从现在开始学习的技能。你也会在本书中掌握这种技能。在漫长的人生中，现在就是你面对自我的最佳时机。

每天为想做的事欢欣雀跃，并获得成长，通过想做的事给人带来快乐,并提高收入。我将带你进入这种成长循环。

目录

1

第一章

阻碍找到“想做的事”的 5 种误区

在解释“自我认知法”之前，我们首先要破除与寻找“想做的事”有关的误区。

如果一直陷入 5 种误区，那么即使努力寻找“想做的事”，最终也会一无所获。

实际上陷入这些误区的人非常多。有人仅仅走出这 5 种误区就找到了“想做的事”，由此可见这些误区有多根深蒂固。

那么，让我们一一来破解吧。

误区 1：必须是能坚持一生的事

肯定有人充满干劲地说过："我找到这一生想做的事了！"

找到"想做的事"就把它作为"一生的事业"是不可能的。

找到"想做的事"并不意味着把它作为一生的事业，而是当作"现在最想做的事"。据说现在二十几岁的年轻人有 50% 的概率会活到 100 岁，在这样的时代，有必要寻找能让你一直保持兴趣的事吗？而且社会的变化日新月异，iPhone 诞生仅仅是十几年前的事。在这样的时代一直执着于唯一"想做的事"，可以说是一种风险了。

对某个时期的日本来说，"坚持"或许是一种美德，但当今时代的关键词是"变化"。比起一直待在同一个地方，现在已经是顺应社会变化、灵活生存的时代了。即使决定了"想做的事"，也可能会对其他领域产生兴趣。我认为这个时候干脆换一个工作领域也不错。之前领域里积累的经验在下一件"想做的事"上一定可以发挥作用。

最危险的是没有任何"想做的事"，茫然空虚地生活。

如果你有"想找到能坚持一生的事"这样的想法，起点便是找到"现在最想做的事"。

每天面对"现在最想做的事"，一生都会不厌倦，从结果上来说这便是“一生中最想做的事”。

POINT

误区：必须是能坚持一生的事。

事实：做“现在最想做的事”就可以了。

误区 2：找到“想做的事”时会有命中注定的感觉

“找到‘想做的事’时会有命中注定的感觉，到那时候你自然就明白了。”这种误区也是寻找“想做的事”的过程中的强大阻碍。

大部分情况下，即使找到“想做的事”，你一开始也只会觉得“嗯？或许挺有趣的”，即仅处在感兴趣的阶段。

其实我在总结出“自我认知法”时，也并没有“就是它了！”的那种被击中的感觉，仅仅是“感觉挺有趣的！”。后来我把兴趣作为工作，自己不断思考成长，也帮助了别人，在这个过程中慢慢觉得“这就是我想做的事”，并不是一开始就觉得“我天生就是做这个工作的！”。

有研究证实过上述说法。印度拉贾斯坦大学进行过一项关于“恋爱结婚”与“相亲结婚”哪个满意度更高的调查研究。调查结果显示，结婚一年内的满意度分别为“恋爱结婚 70

分”“相亲结婚 58 分”，恋爱结婚的满意度更高；但从长期的满意度来看,结果却相反,“恋爱结婚 40 分”“相亲结婚 68 分”。

为什么会出现这样的结果？

研究指出，恋爱结婚的情况下，“双方因恋爱顺遂自然而然地结婚，婚后便不再为这段关系努力，导致对婚姻的满意度下降”。相亲结婚的情况则是“在不知道能否顺利进行的前提下开始接触，双方都在努力接近对方，因此满意度会上升”。

可以说，这是认为“爱情一开始就存在”的恋爱结婚与认为“爱情是日久生情”的相亲结婚之间的差别。

寻找“想做的事”也是一样的。想想看，认为“想做的事一开始就存在”的人和认为“想做的事是在不断摸索中培养出来的”的人，最终哪一方会找到自己满意的工作呢？

如果选错了答案，就会出现为寻找“命中注定”想做的事而频繁跳槽的人。

并不是说跳槽本身是件坏事。如果感到目前的工作环境无法让自己发挥价值，不如积极寻找别的工作。但是，抱有“为我量身定做的工作”这种不切实际的幻想很危险。

原本就不存在让人感觉全部都开心的工作。不管是什么工作，都有让人感到麻烦和讨厌的地方。虽然也有为了“想做的事”而“不得不去做的事”，但在这时想办法让自己乐在其中也是工作的一部分。

寻找“命中注定”想做的事也是浪费时间。通过培养自己心中小小的兴趣，想办法使眼前的工作变得有趣，就会探索出“想做的事”。

你在这本书中发现的不是“命中注定”想做的事，而是自己内心能够接受、自己探索出的想做的事。

丢掉“世界上有完全适合我的工作”的这种幻想，去寻找合理的“想做的事”吧。

POINT

误区：找到“想做的事”时会有命中注定的感觉。

事实：即使找到了“想做的事”，一开始也只是处在感兴趣的阶段。

误区 3：必须是对别人有益的事

很多人认为“想做的事必须是对别人有益的、了不起的事”，如果有这种错误想法，即使找到自己“想做的事”，也无法对周围的人说：“这是我想做的事！”

事实上，在考虑“想做的事”时，这件事能不能帮助别人并不重要。

不管“想做的事”是什么，只要是你感兴趣的，一定有人也感兴趣。通过接近这些人，“想做的事”一定会变成工作（生意）。

兴趣能变成工作是因为有人在其中感受到价值，所以正确的做法是坚持做自己“想做的事”，最终也会“对别人有益”。请马上放弃“想做的事必须是受人称赞的、了不起的事”这样的想法。强行压抑自己，为别人而努力，只是自我牺牲。

压抑自己，为别人而努力，错把这当成自己“想做的事”，这样是无法坚持下去的。来找我咨询的客户也说过，牺牲自己为别人工作的状态似乎最多只能维持 3 年。因此，在开始维持这 3 年之前，去了解自己并寻找其他的选择比较好，因为无论怎么努力，自我牺牲最多只能维持 3 年。

相反，做“想做的事”是没有压力、能持续做下去的，这样才可以长期为别人做贡献。

做“想做的事”，不仅自己乐在其中，而且可以持续帮助别人，收获成长和别人的感谢，处于自利和利他的良性状态中。

POINT

误区：必须是对别人有益的事。

事实：为自己而活也是在帮助别人。

误区 4：必须多行动才能找到

经常会有人给你这样的建议："如果不知道自己想做的事是什么，就只能试着先行动了。"

想必很多人都有过这样的经历吧，但是我可以断言这个方法是错误的。因为不知道"想做的事"的大部分原因是"选项太多"。

选择这就是我"想做的事"时需要考虑两个要素。

一是可选项。选项是指有什么类型的工作。了解这一点非常重要。随着社交网络的普及，我们能了解到的工作类型变得非常多。有各种各样的人向我们传递信息，让我们有了丰富的选项。

二是选择标准。无论有多少选项，如果没有从中做出选择的能力，就无法做出令人满意的选择。

把这一过程想象成挑选衣服也许会比较容易理解（见图 1–1）。去服装店可以随便挑选衣服的款式，但是如果没有明确的选择标准会怎么样呢？你也许会被"现在这个很受欢迎""价格便宜"等与"自己想穿的衣服"不符的信息所影响，进而做了选择。挑选衣服这样的事情在人生中没那么重要，所以这种选择方法也不会有大问题。但如果是选择工作的话，就另当别论了。

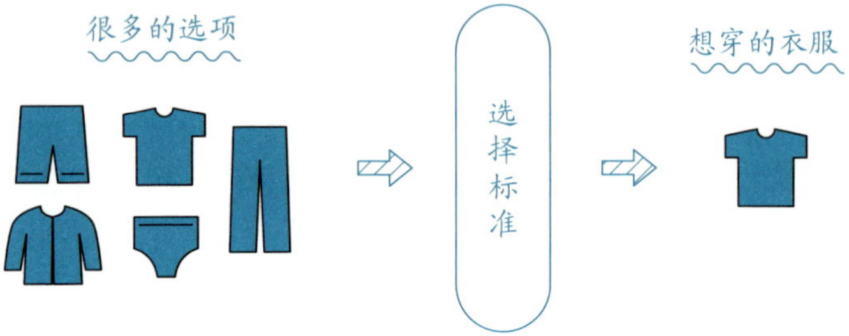

图 1-1

选择工作时如果选择了“当下热门”“工资高”等偏离想做的事这一本质的选项，不难想象会有多么大的弊端。

不知道自己想做什么的时候，要做的不是增加选项。我们已经有足够多的选项了。我们需要明确自己的“选择标准”。选择标准只存在于自己内心，所以为了明确选择标准，我们需要先了解自己。不管如何向外探寻，都只会被太多的选项压制，行动也会变得迟缓。

POINT

误区：必须多行动才能找到。

事实：了解自己才能找到“想做的事”。

误区 5：“想做的事”不能成为工作

寻找“想做的事”时最大的障碍是“想做的事好像不能成为工作”的想法。在持有这种想法的状态下，你绝对找不到“想做的事”。

告诉大家以下两条重要的思考方法。

- “想做的事”在自己心中
- “想做的事”的实现手段在社会中

事先理解它们很有必要。

例如，当你问工作上的前辈“我想做的事是什么？”时，前辈绝对不知道答案，因为你“想做的事”只有你自己知道。

但如果你问工作上的前辈“我想当一名歌手，怎么做才好呢？”，他或许会给你一些建议，或许会介绍自己当歌手的朋友给你。虽然只有你自己内心知道“想做的事”是什么，但是许多“想做的事”的实现手段却存在于外部社会。

我一开始在思考如何把“自我认知法”教给更多人的时候，并不知道如何才能将其变成工作。

我请教了同样从事自我认知相关工作的人，他们给了我很多建议，我的工作才逐渐有了进展，也就是说变得可以赚钱了。

因为想把“自我认知项目”推广到全世界，所以我也会向已经实现这一目标的人请教。在第七章中我会具体说明自己如何在不断试错中将想做的事变成工作的过程。

在考虑“想做的事”这一阶段，不用考虑能否实现它，因为一定已经有人在从事这方面的工作。虽然不能抄袭别人做的事，但如果是实现手段，不管多少都可以模仿。当然，读了本书后也可以模仿我的实现手段。

如果连实现手段都必须自己考虑的话，就很难找到“想做的事”了。所以在寻找“想做的事”的阶段，不需要将实现手段也考虑进去，那是之后要做的事。

POINT

误区：“想做的事”不能成为工作。

事实：“想做的事”在自己心中，实现手段在社会中。

如果走出这 5 个误区，你就能站在“寻找想做的事”的起点了（见表 1–1）。第二章将以我找到“想做的事”的经验为基础，说明找到“想做的事”的人和没有找到的人之间的区别。

表 1-1

×	○
~~必须是能坚持一生的事~~	做“现在最想做的事”就可以了
~~找到“想做的事”时会有命中注定的感觉~~	即使找到了“想做的事”，一开始也只是处在感兴趣的阶段
~~必须是对别人有益的事~~	为自己而活也是在帮助别人
~~必须多行动才能找到~~	了解自己才能找到“想做的事”
~~“想做的事”不能成为工作~~	“想做的事”在自己心中，实现手段在社会中

第二章

我们为什么会因为找不到“想做的事”而迷茫

在便利店做兼职被辞退后，通过找到“想做的事”实现人生逆袭

大学一年级的春假，我和朋友两个人到名古屋旅行。在家庭餐厅吃晚饭的时候有电话打进来，我看了一下号码，是我打工地方的店长打来的。

因为平时打工的地方几乎没有人给我打过电话，所以我一边想着“怎么回事呢？”一边接了电话。店长在电话里说：“八木先生，你工作积极性不高，经常在上班前因感冒请假，也不怎么排班，所以你可以不用再来了。”

因为事出突然，所以我只回答了“是、是”，就这样被炒鱿鱼了。

那是我在那家便利店打工两个月左右的事。

便利店在早稻田站附近，时薪是 1000 日元[一]，因为给出的条件很好，所以我去应聘了。应聘理由是“工作看起来很轻松”，听起来毫无干劲。

实际工作起来有太多需要学习的地方：摆放货物、出售邮票、准备小食、制作饭团、取洗好的衣服、使用电子货币。虽然“看起来很轻松”，但要记的东西太多了，结果我什么也做不好。

印象最深的是香烟品牌种类之多。从一整面墙摆放的近百种香烟中，瞬间选出顾客需要的牌子，准确无误地递给收银台前的顾客，这样的工作让我非常痛苦。

这件事逐渐让我觉得：“为什么要为 1000 日元出卖自己的 1 小时呢。啊，我不想再去打工了。”

打工的时候，我会不停地看收银台对面墙上挂着的时钟，心想“怎么才过了 5 分钟啊”，煎熬地等待下班。

因为这种没有干劲的状态，我接到了那通电话。

说实话，在去便利店打工之前，我有些看不起这种工

㊀ 1 日元 ≈ 0.05 元。

作，认为“竟然有人把人生浪费在这种谁都能做的工作上”。所以当我因为没能做到令人满意，而被自己一直瞧不起的便利店工作炒了鱿鱼时，我都不知道该怎么安慰自己，有段时间一直很消沉。

不打工，只靠父母寄来的生活费过日子是很困难的。但是连在便利店打工都能被炒鱿鱼，我确实想不到自己还可以做什么工作。

我在一边纠结地思考着自己能做什么，一边上网浏览信息的时候，发现了一个名为“优势诊断”的网站。心想：如果做了这个诊断，也许能找到可以做的事情，于是我在付了钱之后接受了40分钟左右的优势诊断。

从诊断结果上看，我：

- 非常不擅长做固定工作
- 在需要和初次见面的人及多个人说话的时候会很累
- 讨厌听别人的指示

看来，我完全不具备在便利店打工所要求的能力。相反，我知道自己的优点是：

- 善于出点子
- 做需要动脑子的工作时完全不觉得辛苦

- 擅长向别人传达自己的想法

单纯的我看到这个结果后恢复了自信。“在便利店打工被开除，只是因为这份工作不适合我，并不是因为我是做不好工作的失败者。”

于是，我不想再打工了，想从事能发挥自己长处的工作。因为我擅长向别人传达自己的想法，所以开始写起了“博客”。

当时网络上很多人都在说，写博客每月能赚几万日元。我就抱着“能赚几万日元真是太棒了”的轻松心态开始写博客。

我对着电脑写文章时非常开心，完全不觉得痛苦。幸运的是，在我开始写博客后发表的第 10 篇文章《介绍高田马场最值得去的拉面店》在网络上被广泛传播，浏览量近 1 万人次。

我觉得“这也许可行”，于是更加专注于写博客。想写的时候就写，谁也不会催我，开心极了。于是我在大学上课的时候写博客，午休的时候饭也不吃就在图书馆写博客，连去研讨会的时候也偷偷地写博客。

于是，我慢慢能通过博客赚钱了。一开始是每月 3000

日元，后来是1万日元，半年后每月能赚到9万日元，比在便利店打工的时候赚得更多，而且是通过做自己喜欢的事赚到的。

一年半之后，我的月收入超过了100万日元。

这时我确信："做不擅长的事只会感到疲惫，不会有任何收获。做自己擅长的事，就能立刻愉快地取得成果。"

我想既然大学期间已经有这么高的收入，就没有必要找工作了，所以大学毕业后我就直接经济独立了。当时我老实地说："22岁就能一个月赚100万日元，人生真是轻松啊。"但是，人生并没有那么顺利。一开始写得很开心的博客，不知不觉间变成了"为了赚钱的工作"。

写博客的目的是"钱"。如果问我要写什么样的文章，我只能回答"能赚钱的文章"。

这样的工作方式是不快乐的。我赚了很多钱，在周围的人看来是成功人士了，但如果问我是不是幸福，我其实完全感觉不到幸福，每天只是作为产生钱的机器在敲键盘（见图2-1）。

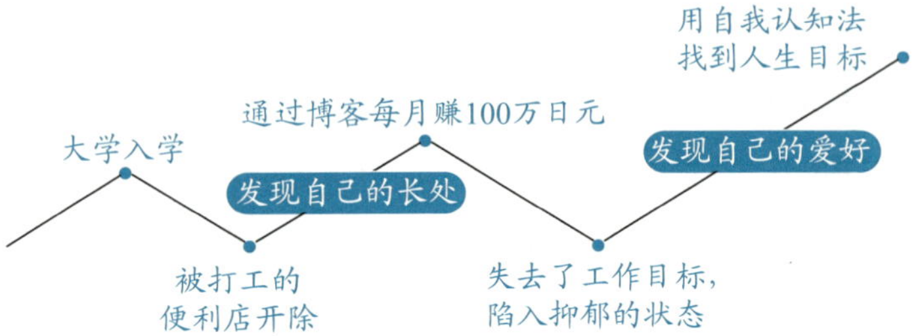

图 2-1

虽然我觉得“这样继续工作下去的话自己的人生会很无聊”，但因为是能赚钱的工作，所以我无法放弃。“这样下去真的可以吗？”我抱着疑问，花了一年左右的时间一边纠结地思考一边写博客。

有天早上起床的时候，我发现自己和平时有些不一样，精神恍惚，身体感觉很迟钝，工作也提不起干劲。我觉得有点奇怪，去了附近经常光顾的一家拉面店，点了味道浓厚的拉面，却尝不出味道。

我在网上查了一下自己的症状，发现自己处于轻度抑郁状态。

因为长期压力较大，我好像陷入了抑郁状态。幸好休息了一周左右症状就消失了，但是眼前的现实问题丝毫没有改变。

这时我才真正意识到这样的工作方式不行，于是我决定认真思考自己真正想做的事是什么。

我看了一本又一本的书，参加有趣的研讨会，探索自己真正想做的事是什么。

有一天我意识到："咦，我原来这么喜欢探索自己的内心世界。"学得越多就越了解自己，我为此开心不已。

说起来，我以前就很喜欢学心理学和哲学。虽然我不喜欢学习，但在学校上课的时候，"伦理"是唯一让我感到快乐的科目。那时我意识到："如果把这个作为工作感觉会很不错。"

有很多人和过去的我一样，不了解自己的长处，不知道自己想做什么，一直在黑暗中徘徊。我想把我学到的东西告诉他们，这不是很好吗。在这之前我写的博客里没有固定下来的主题。但从那时起，我开始以"自我认知"为主题写博客，目的是"为同样在人生道路上感到烦闷的人消除烦恼"。

在写博客的过程中，有读者反馈"还想了解更多！"，*ANAN* 杂志也找到我，希望能在杂志上刊登"自我认知法"。后来，我做了一个介绍自我认知法的项目，参加的客户爆满，盛况空前。现在，我为了向更多的人介绍系统的自我认知法而写下这本书。并且我认为，决定人生本质的"自我认知法”应该在学校学习。

明明从小学到大学毕业有16年的时间，学生却没有学习探索自己喜欢什么、擅长什么、珍惜什么，这很奇怪吧。因此，我会通过本书告诉大家我学习及实践“如何通过想做的事活出自我”的经验。

POINT 找到“想做的事”，会改变人生。

“如果不知道自己想做的事是什么，就只能试着先行动了”，这种想法中的陷阱

为什么必须要先了解自己，才能找到“想做的事”呢？

因为现在的世界变得太复杂了。

你知道什么是“VUCA”吗？VUCA是由“易变性（Volatility）”“不确定性（Uncertainty）”“复杂性（Complexity）”“模糊性（Ambiguity）”四个词对应英文的首字母组成的缩写。

VUCA是指所有事物所处的外部环境变得更加复

杂，意料之外的情况频频发生，所以难以预测未来的状态。

选项变多的话，选择想做的事的难度也增加了。

你知道哥伦比亚大学实验中得出的“果酱定律”吗？如果超市在试吃活动中准备 24 种果酱，试吃后购买的人只有 3%；如果把果酱的种类减少到 6 种，试吃后购买的人竟然会增加 30%。

人在选项多的时候往往会“不做选择”，所以摆 24 种果酱是卖不出去的（见图 2–2）。

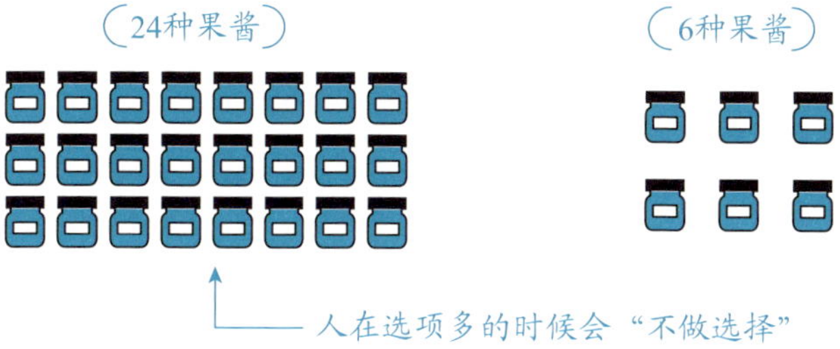

图 2–2

无法决定自己想做的事的人也是一样。在众多选项前止步不前，选择了“不做选择”，拖着不去决定想做的事，浑浑噩噩地生活。

另外，认为“不知道想做什么是因为行动力不够”，而盲目尝试各种感兴趣的事，也只会导致选项增加，最后越来越不知道该选择哪个。

POINT 不知道想做什么是因为选项太多。

“一直迷茫的人”和“走自己道路的人”之间唯一的区别

那么，在这个纷繁复杂的社会里，我们该如何抉择自己的前进道路呢？

最危险的是基于“走哪条路最有利？”这种思维来做判断。

我们处在日新月异的时代，现在能得到好处的选择很快就会变成得不到好处的选择，这种情况很常见。1989年，全球市值前50名的企业里日本企业有32家，但是到了2018年，你知道前50名的企业中日本企业有几家吗（见表2-1）？

表 2-1

1989 年全球市值前 50 名的企业

排序	企业	市值（亿美元）	国家和地区
1	NTT	1 639	日本
2	日本兴业银行	716	日本
3	住友银行	696	日本
4	富士银行	671	日本
5	第一劝业银行	661	日本
6	IBM	647	美国
7	三菱银行	593	日本
8	埃克森美孚	549	美国
9	东京电力	545	日本
10	荷兰皇家壳牌石油	544	英国
11	丰田汽车	542	日本
12	通用电气	494	美国
13	三和银行	493	日本
14	野村证券	444	日本
15	新日本制铁	415	日本
16	AT&T	381	美国
17	日立	358	日本
18	松下电器	357	日本
19	菲利普·莫里斯国际公司	321	美国
20	东芝	309	日本
21	关西电力	309	日本
22	日本长期信用银行	309	日本
23	东海银行	305	日本
24	三井银行	297	日本
25	默克集团	275	美国
26	日产汽车	270	日本
27	三菱重工	267	日本
28	戴文能源	261	美国
29	通用汽车	253	美国
30	三菱信托银行	247	日本
31	BT（英国电信集团）	243	英国
32	贝尔南方	242	美国
33	BP（英国石油公司）	242	英国
34	福特	239	美国
35	阿莫科	229	美国
36	东京银行	225	日本
37	日本中部电力	220	日本
38	住友信托银行	219	日本
39	可口可乐	215	美国
40	沃尔玛	215	美国
41	三菱地所	215	日本
42	川崎制铁	213	日本
43	美孚	212	美国
44	东京天然气	211	日本
45	东京海上保险	209	日本
46	NKK（日本长野工业株式会社）	202	日本
47	ARCO（美国大西洋里奇菲尔德公司）	196	美国
48	日本电器	196	日本
49	大和证券	191	日本
50	旭硝子玻璃	191	日本

资料来源：美国《商业周刊》杂志

2018 年全球市值前 50 名的企业

排序	企业	市值（亿美元）	国家和地区
1	苹果	9 410	美国
2	亚马逊	8 801	美国
3	谷歌	8 337	美国
4	微软	8 158	美国
5	Facebook	6 093	美国
6	伯克希尔-哈撒韦	4 925	美国
7	阿里巴巴	4 796	中国
8	腾讯	4 557	中国
9	摩根大通	3 740	美国
10	埃克森美孚	3 447	美国
11	强生	3 376	美国
12	VISA	3 144	美国
13	美国银行	3 017	美国
14	荷兰皇家壳牌石油	2 900	英国
15	中国工商银行	2 871	中国
16	三星电子	2 843	韩国
17	富国银行	2 735	美国
18	沃尔玛	2 599	美国
19	中国建设银行	2 503	中国
20	雀巢	2 455	瑞士
21	联合健康	2 431	美国
22	英特尔	2 419	美国
23	百威英博	2 372	比利时
24	雪佛兰	2 337	美国
25	家得宝	2 335	美国
26	辉瑞	2 184	美国
27	万事达卡	2 166	美国
28	威瑞森	2 092	美国
29	波音	2 044	美国
30	罗氏集团	2 015	瑞士
31	台积电	2 013	中国台湾
32	中国石油天然气	1 984	中国
33	宝洁	1 979	美国
34	思科	1 976	美国
35	丰田汽车	1 940	日本
36	甲骨文	1 939	美国
37	可口可乐	1 926	美国
38	诺华	1 922	瑞士
39	AT&T	1 912	美国
40	汇丰银行	1 874	英国
41	中国移动	1 787	中国香港
42	路易威登	1 748	法国
43	花旗银行	1 742	美国
44	中国农业银行	1 693	中国
45	默克集团	1 682	美国
46	迪士尼	1 662	美国
47	百事可乐	1 642	美国
48	中国平安保险	1 638	中国
49	道达尔	1 611	法国
50	奈飞	1 572	美国

资料来源：*Diamond* 编辑部

2018 年市值前 50 名的企业里竟然只剩丰田汽车一家日本企业了，只过了 30 年社会就发生了如此大的变化。

现在你认为“走这条路有利”的选择，在 10 年、20 年后，很有可能就没有价值了。我周围的朋友中，认为“虚拟货币好像能赚钱”“做编程好像能赚钱”而随波逐流的人，一旦发现无利可图马上就不做了。这类朋友工作自然也不顺利，一直处于迷茫的状态，总是在思考“应该怎么做？到底哪一个更有利呢？”（见图 2–3）。在日新月异的时代，比起用头脑判断“哪一个更有利”，我们更需要一个与之完全不同的判断标准。

那就是你内心认为“想怎么做”的判断标准。

现在这个时代，当眼前有无数个选项的时候，用“应该怎么做？”这种偏向有利可图的标准去选择的话是选不出来的。但如果用“想怎么做？”的内心标准去选择，就会变得很简单。

用自己感兴趣、不知不觉被吸引、价值观匹配的内心标准去选择吧（见图 2–4）。

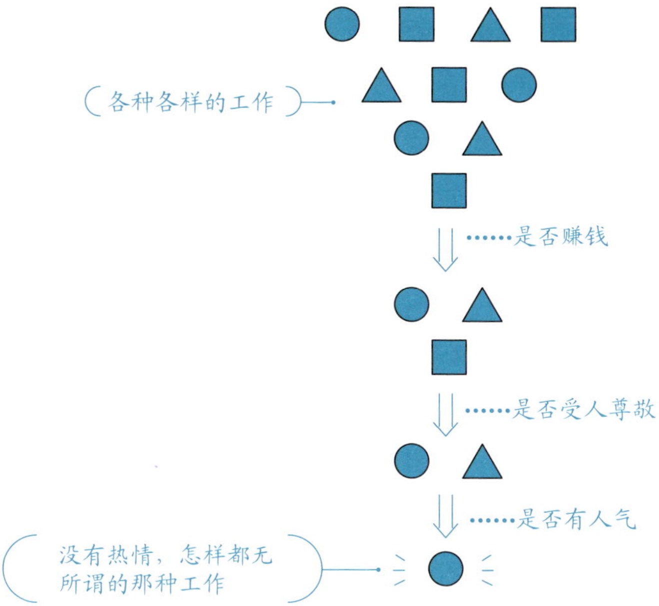

图 2–3

只有通过自己的过滤器，才能将无数的选项缩减到几个。

和外部的 VUCA 世界不同，你的内心世界不会有太大变化。所以一旦下了决心，你就不会迷茫，不管时代如何变化，都能毫不动摇地采取行动。

你现在犹豫的根本原因是用错了选择标准。

如果只在意“应该怎么做？”，以有利可图为标准是找不到答案的。因为如果情况变了，答案就会改变，你就会一直迷茫。

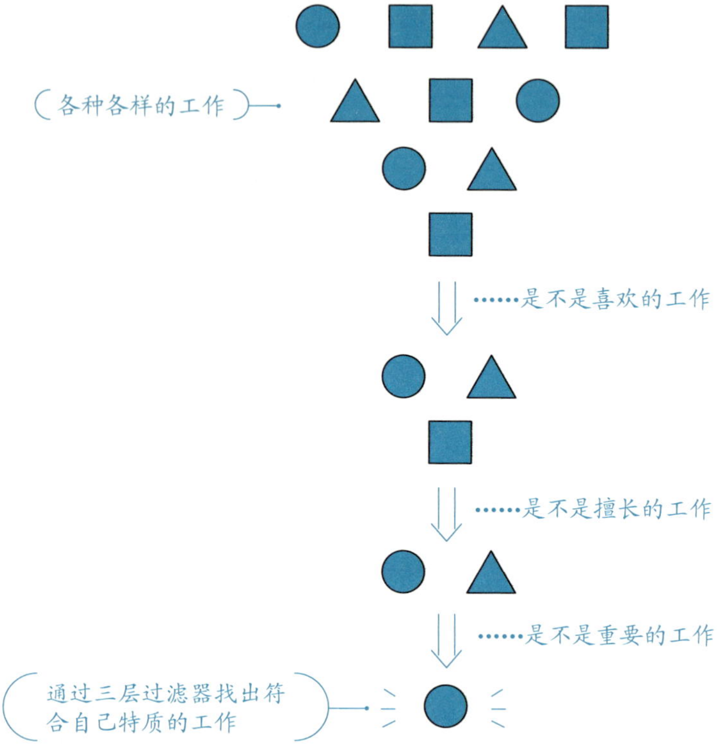

图 2-4

如果是用错误的选择标准得出的答案，对你来说它也是没有意义的工作，你将丝毫燃不起热情。

我以有利可图为标准做选择的时候，也一直处在迷茫的状态。看推特[一]时会被名人说的话打动。每次读成功学

㊀ 2023 年 7 月，推特更名为 X。——编辑注

的书都会受到影响。因为总是被别人的想法动摇，所以常常觉得自己没有主心骨。因为总是在迷茫，所以工作也不顺利。在没有找到自我的那段日子，我因为看不到未来而感到非常不安。

处在这种状态的人，需要从根本上改变想法。不要把自己的判断标准建立在外部的“以他人为中心的坐标轴”上，必须切换到自己内心的“自我中心坐标轴”上。

正因为处在瞬息万变的时代，所以更要拥有自己心中坚定不移的坐标轴。

这样一来，即使在这个复杂的社会中，你也能不随波逐流，坚持自己的信念生活下去。下一章我会说明如何掌握这种判断标准。

POINT

一直迷茫的人，其判断标准是“应该怎么做？”。
走自己道路的人，其判断标准是“想怎么做？”。

3

第三章

能最快找到想做的事的公式：自我认知法

不知道“想做的事”，仅仅是因为不知道这句话的含义

那么，为了明确自己“想做的事”，让我们一起来学习我所提倡的“自我认知法”吧。

在学习这个方法的具体内容之前，我想告诉你一个前提：“不知道自己想做的事是因为你不会把词语分类。”

没有好好搞清楚词语的定义就用模糊的语言开始思考，寻找“想做的事”时就会陷入迷宫。用这样模糊的语言去思考，绝对找不到“想做的事”（见图 3-1）。

- “人生坐标轴”是什么
- “自我中心坐标轴”是什么
- “真我本色”是什么

图 3-1

来找我咨询的客户都说过同样的话：“我通过求职补习班和读书进行了自我剖析，但还是不知道自己想做的事是什么……”

有人为了找到“想做的事”会去看自我剖析的书并回答大量书中附带的问题，但大多都是在浪费时间。有人在参加自我认知项目之前，为了了解自己而回答过500道以上的问题，但即使这样好像也没有找到“想做的事”。

和他们交谈过后，我发现他们的共同点是“脑子里很乱”。

为了进行自我剖析而回顾了过去的经历，为找到“想做的事”收集了很多线索，但不知道怎么把它们组合起来才好。虽然有拼图的碎片，但是不知道怎么组合，无法拼成一张大的图画。他们真正需要的是明确的目标意识，即回答问题时“到底要发现些什么？”。

如果没有这样的意识，无论回答多少问题，也只是在收集七零八落的碎片，无法获得这就是我“真正想做的事！”的觉悟。

在本书中，我会告诉你如何用手中的碎片拼成一幅完整的图画。

当这幅图画完成的时候，你就会从烦闷的心情中解放出来。“想赚钱”“想消除世界上的贫困”“想成为YouTuber”“想创业”“想过精致的生活”“想弹吉他”“想和别人聊天”等，都不是本书所说的“想做的事”，而只是和“想做的事”类似的其他词语。

你也许会觉得疑惑，但只要继续读下去的话就能很容易地理解了。

我会在这本书中一边解说自我认知法，一边阐明“想做的事”的含义。

POINT 不知道“想做的事”是因为不会将词语分类。

不是靠“直觉”，而是靠“逻辑”找到想做的事

为了找到“真正想做的事”，你需要三个要素。只要明确这三个要素，谁都能得到热爱工作的方法。

如果你对现在的工作不满意，那是因为你缺少某个要素。只要知道欠缺的是哪个要素，之后补充上就可以了。

我读了300多本心理学和有关自我剖析的书，没有看到哪本书可以提炼出寻找“想做的事”的方法。迄今为止与此相关的书中，都仅列举了三个要素中的一个，是不完整的。

我至今仍记得第一次总结出自我认知法时的情景，当时我非常兴奋，觉得“终于可以彻底讲明白了！”，一边在白板上奋笔疾书，一边热情地向朋友说明。

一位听过自我认知法的客户对我说过这样的感想：“我明

明烦恼了半年，但是用了这张图后只花了一天时间就找到了自己的道路。”

在第一章中我提到过人们经常会有的一种错误思维，很多人会幻想寻找“想做的事”就是“在某个地方遇到命中注定的工作”。各种自我剖析类的书中经常会有类似的小故事，有人在机缘巧合之下，确信“这是我能为之奉献一生的真正想做的事！”，从而心无旁骛地奋斗着。我想那样的人大概只占全人类的 1% 吧。

其余 99% 和我一样的普通人，只能像拼拼图一样，一块一块地组合自己的心情碎片，寻找“真正想做的事”。

有品位的人靠直觉选出的衣服会很时尚，但没有品位的人凭直觉只会选出俗气的衣服。没有品位的人想变得时尚，需要先学习如何变得时尚，再把单品一个个地配齐。

我并没有发现“想做的事”的直觉。正因为如此，我才能自己思考，创造出谁都能使用的方法。对一开始就毫不犹豫地做着“想做的事”的人来说，发明自我认知法是他们做不到的事情。

正因为如此，在自我认知法中，我不会使用“要找到喜欢的事就要倾听内心的声音”等暧昧的表述，而是列出明确的标准进行解说。

接下来我将会解说自我认知法的三大支柱。

POINT

误区：通过直觉去寻找。

事实：通过系统的理论去寻找。

通过自我认知法的三大支柱找到“想做的事”

终于要对支撑自我认知法的三大支柱进行说明了，这三大支柱分别是：

1. 喜欢的事
2. 擅长的事
3. 重要的事

将这三个要素进行交叉组合，会产生两个公式（见图 3-2）。

公式1：喜欢的事 × 擅长的事=想做的事

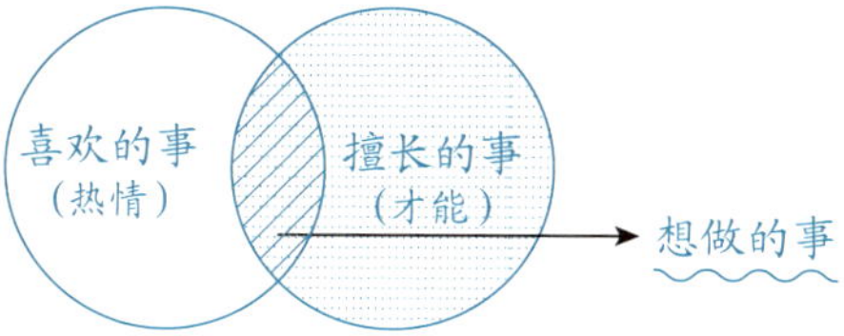

公式2：喜欢的事 × 擅长的事 × 重要的事=真正想做的事

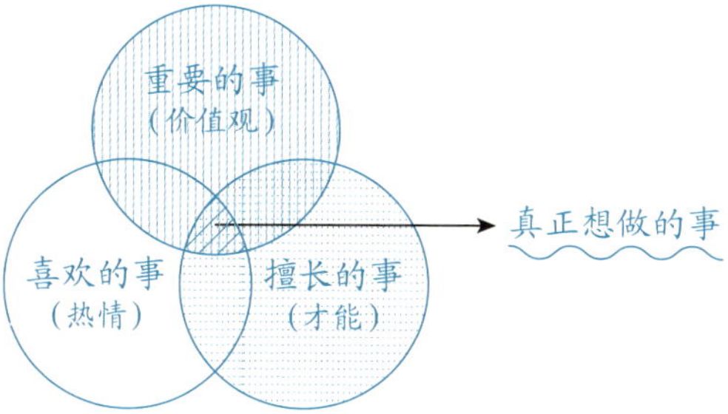

图 3-2

公式 1 中，在“喜欢的事 × 擅长的事”中可以找到“想做的事”，但实际上如果缺少“重要的事”，“想做的事”是不完整的。

如果在“喜欢的事 × 擅长的事＝想做的事”的基础上加上“重要的事”，就会变成“喜欢的事 × 擅长的事 × 重要的事＝真正想做的事”。接下来我会详细说明。

POINT

寻找“想做的事”有两个公式。

公式 1：喜欢的事 × 擅长的事 = 想做的事

先从“想做的事”开始说明。很多人都认为“喜欢的事 = 想做的事”，但这其实还没理解得很彻底。“想做的事”是用擅长的方法做“喜欢的事”。那么，为了理解“想做的事”的定义，要先定义“喜欢的事”和“擅长的事”。

“喜欢的事”指向“自己有热情的领域”（见图 3-3），比如心理学、环境问题、时尚、医疗、机器人、设计等。对考虑就业和跳槽的人来说，解释成“行业”可能更容易理解。

图 3-3

总结如下“喜欢的事”（热情）的特征：

- 感到有兴趣，并想进一步了解
- 只要做与之相关的事就觉得很有趣，会想“这真的可以成为我的职业吗？”
- “为什么？”“怎么办？”诸如此类的问题不断涌现（例如：为什么机器人会动？）

感兴趣、想做与之相关的事、能激发出自己热情的“领域”被称为喜欢的事。

“擅长的事”是指“自然而然就比别人做得好，做起来不觉得痛苦，令人心情舒畅的事”（见图 3–4）。

因为是自然而然就能做到的事，所以被称为“才能”（也会被称为“特性”或“性格”）。例如，站在对方的立场上思考、与人竞争、学习、收集信息、深入思考、分析等。

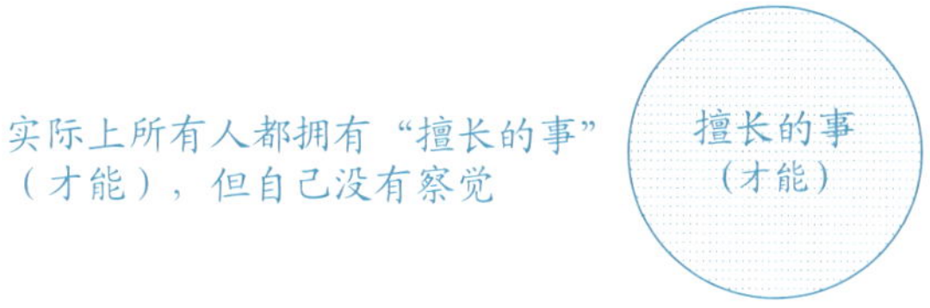

图 3–4

总结如下“擅长的事”（才能）的特征：

- 做的时候很开心
- 不刻意努力也能无意识地做好
- 因为没有压力所以容易投入
- 做的时候感觉是在做自己
- 即使不是工作，平时也很自然地在做
- 会觉得别人“为什么这样的事都做不到”

当然，和“喜欢的事”一样，做“擅长的事”也很令人开心。在其他的自我分析理论中，也有将“擅长的事”包含在“喜欢的事”中进行说明的。但是，我认为分开考虑的话会更容易理解和整理，所以在“自我认知法”中将“擅长的事”与“喜欢的事”区分开。

经常和“擅长的事”混淆的是“技能和知识”。两者看起来很相似，但完全不同（见图 3-5）。

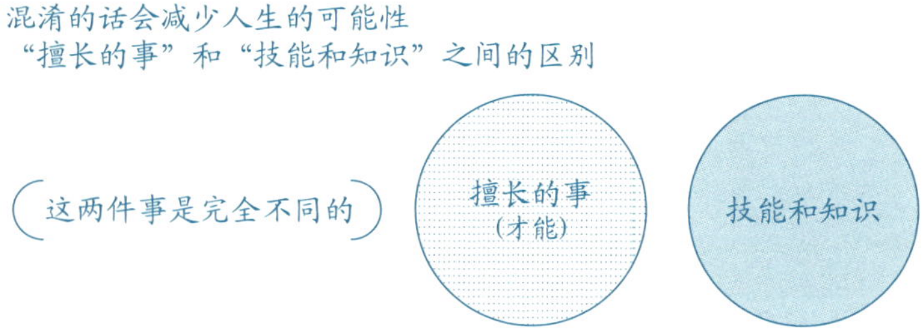

图 3-5

“擅长的事”可以指“能估测风险”“能重视别人的感受”“能对一件事进行深入思考”等。而“技能和知识”可以指“会说英语”“会编程”“会网络营销”等。

两者通常都被称为“擅长的事”，但它们有两点是完全不同的。第一，“擅长的事”是天生就会的，而“技能和知识”是后天学习掌握的。第二，只要学会使用“擅长的事”，就能应用到任何工作中，而“技能和知识”只能在特定的工作中使用（即使有编程的技能，如果从事的工作用不到这项技能的话就没意义了）。

总结成表格如表 3–1 所示。

表 3–1

擅长的事（才能）	技能和知识
自然而然就能做好、做起来不费劲、令人心情舒畅的事	熟练的技能、丰富的知识等
能估测风险 能重视别人的感受 能对一件事进行深入思考	英语、编程、网络营销、料理知识等
无法后天习得	后天学习掌握
能应用到任何工作中	只能应用到特定的工作中

两者中更重要的是“擅长的事”。因为它可以在任何工作中使用，一旦掌握了使用方法，不管时代怎么变化，

都可以作为自己的武器灵活使用。

与此相反，“技能和知识”虽然也是必要的，但它会随着时代变化而过时。

另外，也有人依赖曾经掌握的技能和知识，限制了人生的自由度。比如说想跳槽的时候，有人会想：有没有能用到我保健师资格证的工作呢？如果以拥有的“技能和知识”来考虑的话，选项就会变少，可能始终无法找到自己想做的事。

很多时候，“技能和知识”原本不过是充实人生的手段，不知不觉间却变成了目的。如果努力掌握的“技能和知识”让人生变得不自由，就本末倒置了。

“技能和知识”是为了实现自己想做的事的手段。如果以使用技能为目的，人生当然会变得无趣。正因为如此，才有必要了解自己在任何时代、任何地方都能使用的“擅长的事”。在找到“真正想做的事”之后，如果有需要的话再去掌握“技能和知识”也来得及。

POINT

被技能和知识束缚，会变得越来越不自由。

发掘自己擅长的事（才能），会变得越来越自由。

到底什么才是“想做的事”

“想做的事”是用擅长的方式做“喜欢的事”（见图 3–6）：

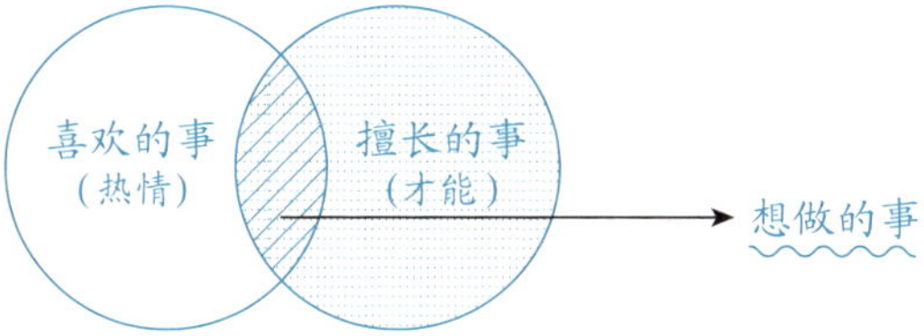

图 3–6

例如，“我喜欢时尚！”并不是本书所说的“想做的事”。因为时尚属于兴趣领域，所以应被归类为“喜欢的事”。“制作东西的时候很开心！”也不是“想做的事”，而是“擅长的事”。把这两个组合起来变成“想做与时尚相关的东西”才是“想做的事”（见图 3–7）。

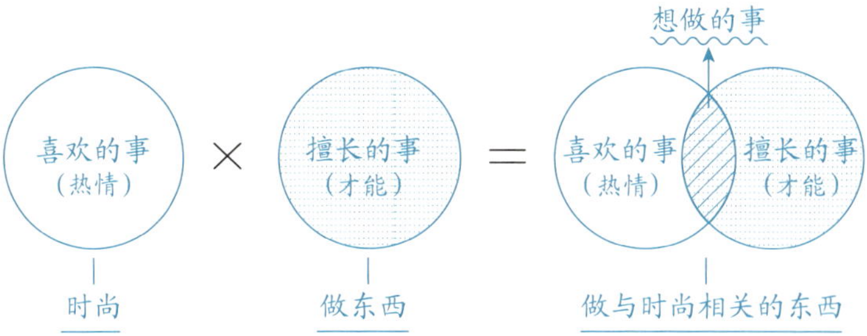

图 3–7

换言之，“想做的事”是“做什么（What）× 怎么做（How）”的组合。What= 喜欢的事，How= 擅长的事。

- What= 时尚
- How= 做东西
- What × How= 做与时尚相关的东西

很多人只考虑“What”，结果错误地选择了工作。“喜欢食物，所以进入食品行业吧！”这样是不行的。如果工作内容不是自己“擅长的事”，工作起来就会很痛苦。

所以，对于“喜欢书，所以去书店工作吧！”的想法，我会说“请等一下！”，虽说喜欢“书”（What），但也不一定擅长“在书店的工作内容”（How）吧。考虑“想做的事”时，重要的是考虑具体的工作内容（How）是否适合自己（见图 3–8）。

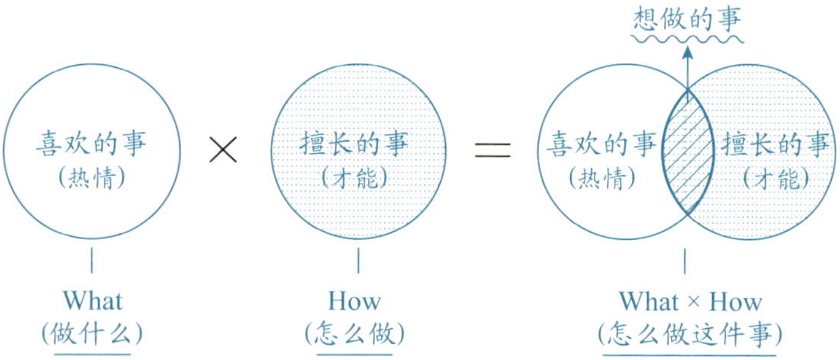

图 3–8

对我来说，“想做的事”是“构建自我认知体系并传授给别人”。“自我认知”是“喜欢的事”，因为我对了解自己充满了兴趣。“构建体系并传授给别人”是“擅长的事”，把每天学到的东西整理好后分享给别人，即使不是工作也会很自然地去做，这是无意识就能做到的“擅长的事”。

- What= 自我认知
- How= 构建体系并传授给别人
- What × How= 构建自我认知体系并传授给别人

要注意的是，即使“喜欢的事”是一样的，如果“擅长的事”不同，“想做的事”也会不一样。

比如“喜欢的事”同样是“自我认知”，但对于擅长“倾听对方并进行引导”的人，“想做的事”就会变成倾听对方并增进其自我认知，而非构建体系并传授给别人。即使同样都在写书，比起像我这样构建体系，进行说明，他们会更倾向于激发读者的共鸣，写出的书也是完全不同的（见图 3–9）。

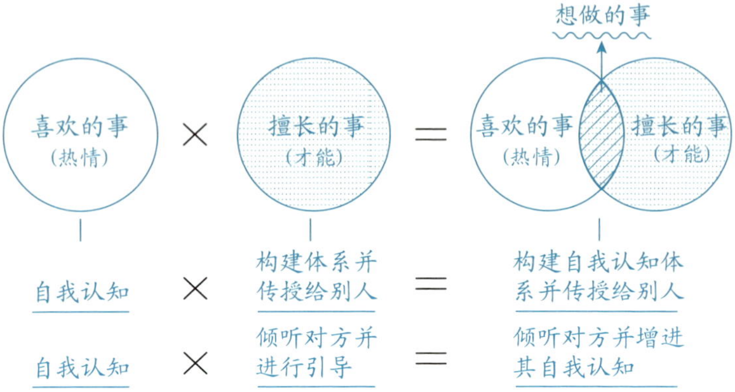

图 3-9

另外，即使“擅长的事”是一样的，如果“喜欢的事”不同，“想做的事”也会不同。例如，虽然同样擅长“构建体系并传授给别人”，但如果喜欢的事是“体育”，那么“构建体育相关的体系并传授给别人”就成了“想做的事”（见图 3-10）。

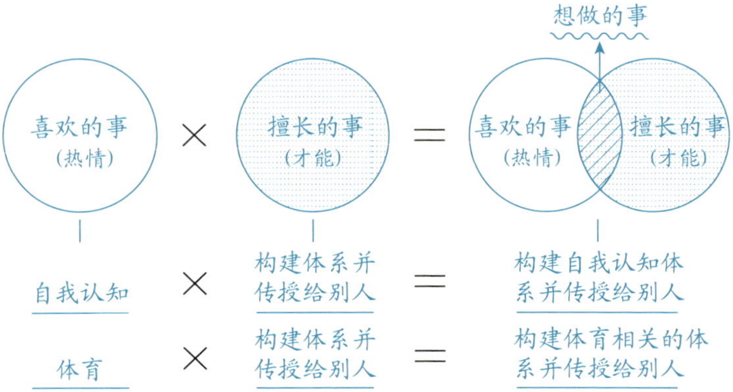

图 3-10

以上就是本书对“想做的事”的定义。下面我们再来谈一谈“想做的事”和“想成为的人”之间的区别。

和“想做的事”类似的表述有“想成为的人”，但这完全是两码事。如果问“你想做的事是什么？”，有人会说“我想成为YouTuber”，但是，“我想成为YouTuber”正如其字面意思，是“想成为的人”，而不是“想做的事”。我不推荐以职业名来考虑自己“想做的事”，主要有两个理由。

● 理由1．考虑“想成为的人”时，会关注工作形象

考虑“想成为的人”时会关注工作形象。很多孩子因觉得“被很多人关注的YouTuber真好啊”而憧憬着成为YouTuber，但是，实际上YouTuber的工作是策划、摄影、视频编辑等，只有“在做这些枯燥的工作时也不觉得辛苦的人”才能成功。另外，达到所憧憬的“被关注”的状态要花很长时间。如果对工作内容没有兴趣，只是因为憧憬这种形象就盲目追求，很快就会受挫。

而考虑“想做的事”的时候会关注“工作内容”。如果你喜欢策划、摄影、视频编辑等工作的话，做YouTuber会很开心。

顺便说一下，有的父母会问孩子“你想成为什么样的人？”，我不推荐问孩子这个问题，如果问这个问题，孩子

往往会回答职业形象好的工作。

正确的问法应该是问"你现在做什么最开心？"，如果问这个问题，父母就可以知道孩子对什么样的事情感兴趣，这样就容易让孩子与他能乐在其中的工作联系在一起了。

另外，孩子走上社会的时候，会有很多新兴的"目前不存在的职业"。而现有的部分职业到那时可能就消失了。

这个道理也适用于你的职业选择，因为现在你想从事的职业在10年后有可能会消失。

• 理由2. 考虑"想成为的人"时，实现手段就会受到限制

还有一个理由是，考虑"想成为的人"时，实现手段就会受到限制。

例如，如果你考虑"想成为搞笑艺人"，就会认为自己"必须在电视节目上活跃起来"，这样就只能走目前已有的搞笑艺人路线。如果觉得自己无法在电视上大显身手，你就会放弃成为搞笑艺人吧？但是，考虑自己"想做的事"的人则会想：我想做能让人发笑的工作！这样即使不上电视，也能想到"利用YouTube平台"或者"画搞笑漫画"的手段。考虑做让人发笑的工作时，会看到之前没想过的道路。而且，即使一条道路被封锁了，也能继续挑战其他道路。

例如，我的客户中有位 T 先生，他说：“无论如何我都想当演员。”

他问我：“为了成为演员，我一边打工一边出演舞台剧，但是完全赚不到钱。是不是放弃‘想做的事’比较好呢？”

从这个问题开始，我们进行了如下对话。

八木：“T 先生‘想做的事’是什么呢？”

T 先生：“想当演员。”

八木：“那是你‘想成为的人’。成为演员后想做什么事呢？”

T 先生：“嗯……虽然不能很好地表达出来，但我喜欢站在舞台上表演，想做能让观众感动的事情。”

八木：“原来如此，那就算不是演员，通过表演使观众感动不也可以吗？”

T 先生：“……确实如此。虽然一直想着要以演员的身份获得成功，但也许不是演员也可以。”

八木：“那么，如果做了 5 年‘演员’还是不行的话放弃也没关系，但是请不要放弃‘通过表演使观众感动’的想法。我们一起寻找其他的实现方法吧。”

T 先生在考虑“想成为的人”时，会想“需要成为演员，通过表演获得收入”，因而只能看到已有的路线，当做演员不是很顺利时，就会放弃。

如果是考虑自己“想做的事”的人，就会想“通过表演使观众感动”。这样的话，就算不登上舞台，也会想到“在YouTube上表演”的方法或者“成为娱乐餐厅的工作人员”的方式。想成为这样的“演员”的时候，会看到之前没想过的道路。

而且，即使一条道路被封锁了，也能继续挑战其他道路。

放弃“想成为的人”（职业名）也没关系，毕竟在没有可能性的地方继续努力只会消耗时间和能量。但是请不要放弃“想做的事”，因为实现的途径一定存在于某个地方。

POINT

不能用“想成为的人”（职业名）去考虑“想做的事”。

公式2：喜欢的事 × 擅长的事 × 重要的事 = 真正想做的事

那么，大家是否正确理解了“公式1：喜欢的事 × 擅长

的事 = 想做的事”呢？下面我想传授的是比这更进一层的“真正想做的事”。

公式 2：喜欢的事 × 擅长的事 × 重要的事 = 真正想做的事

即使只把前面说明的“想做的事”当作工作，你也会对这样的工作抱有一定程度的热情吧。但是这还不完整，两条腿的椅子是站不稳的，有三条腿才能站稳。同样地，工作方式也只有在具备三个要素时才能说这是“真正想做的事”（见图 3–11）。

图 3–11

我提倡的“自我认知法”的最后一个要素是“重要的事”。很多人可能更习惯称其为“价值观”。

“公式 1：喜欢的事 × 擅长的事 = 想做的事”中说明的“想做的事”表示行动，“重要的事”则表示状态。

例如，“想自由地生活”“想对人温柔地生活”“想安心地生活”“想稳定地生活”“想充满热情地生活”等都是“重要的事”。可以看出，无论哪个例子表示的都不是行动而是状态。用英语来表达就是 Doing（行动）和 Being（状态）。

不仅有“喜欢的事 × 擅长的事”所表示的行动，而且要加上状态，才能找到“真正想做的事”（见表 3–2）。

表 3–2

想做的事	重要的事（价值观）
想学习自我认知法并传授给别人 想做与时尚有关的东西 想通过舞蹈和孩子们联系在一起	想自由地生活 想对人温柔地生活 想安心地生活 想稳定地生活 想充满热情地生活
想做什么	想如何生活
Doing	Being

不管做多少“想做的事”，如果总是因为加班而没有自己的时间，并且感到辛苦的话，这种工作方式就不适合自己，因为没有满足“重要的事”这一条件。

原本是想一边有自由的时间与家人相处，一边工作，但如果是常常加班的工作方式，会很不幸吧。但对认为“工作才是自己人生中最重要的事情”的人来说，这种状态才是理想状态，反而对大家把工作和个人生活完全分开的环境感到不满。

像这种在做“想做的事”的时候，“重要的事”也能被满足的状态才是“真正想做的事”（见图 3–12）。

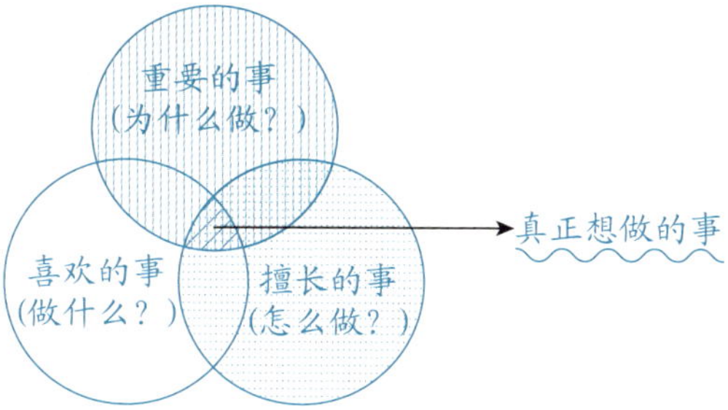

图 3–12

“为了什么而工作呢？”，答案是“重要的事”。

例如，“为了自由地生活而工作”“为了安心地生活而工作”“为了安稳地生活而工作”“为了充满热情地生活而工作”等，当然，这个问题没有绝对正确的答案。如果对于工作目的，你能从心底里说出“我是为此而工作的！”，那么工作目的是什么都可以。

从“重要的事”（价值观）衍生出“工作目的”

“重要的事”有面向自己内在和面向“他人和社会”等外在的两种情况。面向自己内在时，“重要的事”决定了人生目的。面向他人和社会等外在时，“重要的事”就决定了工作目的。例如，我的情况如图 3–13 所示。

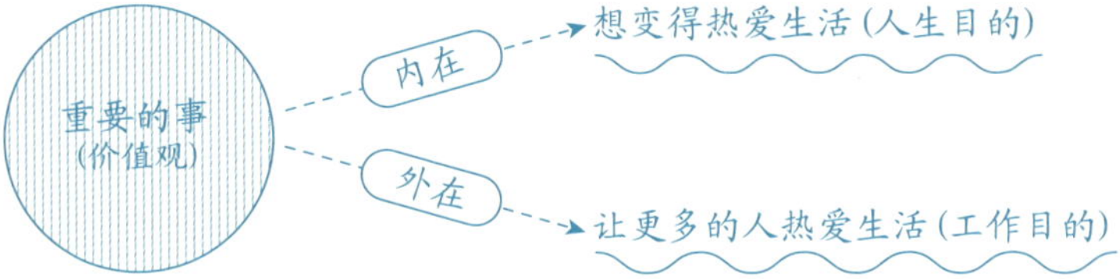

图 3–13

“工作目的”非常重要。对他人做出贡献的真实感会变成工作中的巨大动力。我在工作中最开心的瞬间，就是收到客户反馈说“我找到了‘想做的事’！”的时候，以及感到“做自我认知项目真是太好了！”的那个瞬间。

那么怎样才能找到工作目的，让自己觉得“做真正想做的事可以产生这样的价值”呢？

如果明确了“重要的事”（价值观），自然就能找到工作目的。

比如我很重视“热爱”这件事。做热衷的事的时候，对自己来说才是最幸福、最有价值的时间。我想让身边的人也能拥有这样有价值的东西，所以我的工作目的是“让更多的人热爱生活”。因为自己觉得很有价值，所以会全力推广给别人。

然后，对我提出的“热爱”这一价值观产生共鸣的人，会陆续来参加我的自我认知项目。

面向内在时，“重要的事”就决定了自己的生活方式；面向他人和社会等外在时，“重要的事”就决定了工作目的。

为了从事有价值的工作，首先要明确“价值观”。

POINT

想做的事 = 做什么？

重要的事（价值观）= 为什么做（人生目的）？

工作目的 = 想与周围的人构建怎样的关系，想处在怎样的环境中？

“真正想做的事”的具体案例

对于“为什么要工作呢？”这个问题，可以用“重要的事”来回答。对于“到底要做什么工作呢？”这个问题，可以用“喜欢的事”来回答，对于“如何工作呢？”这个问题，用“擅长的事”来回答就可以了。这三个要素合在一起就决定了 What、How、Why（见图 3-14）。

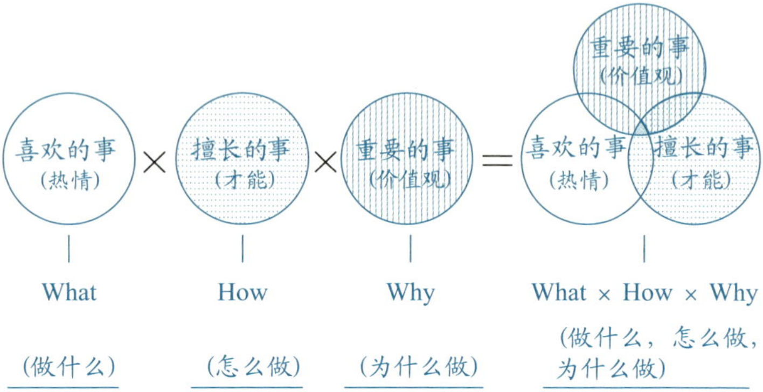

图 3–14

用我自己的工作举例（见图 3–15）：

- What = 自我认知
- How = 构建体系并传授给别人
- Why = 想变得热爱生活

进而变成：

- What × How × Why = 想变得热爱生活，因此构建了自我认知体系并传授给别人

其他的事情也可以按这个方式进行组合（见图 3–16）。

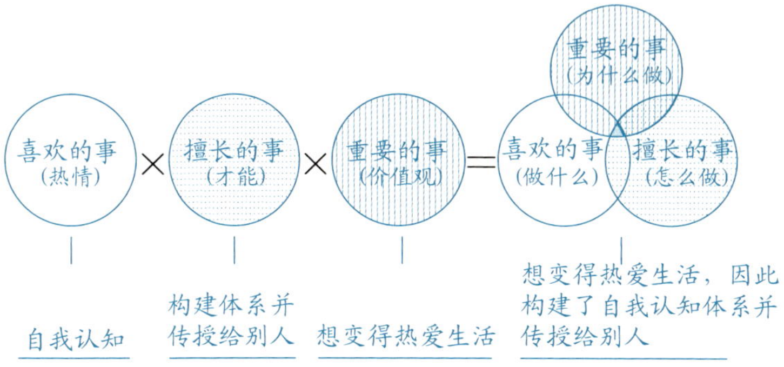

喜欢的事
(热情)
×
擅长的事
(才能)
×
重要的事
(价值观)
=
重要的事
(为什么做)
喜欢的事
(做什么)
擅长的事
(怎么做)
自我认知
构建体系并
传授给别人
想变得热爱生活
想变得热爱生活，因此
构建了自我认知体系并
传授给别人

图 3-15

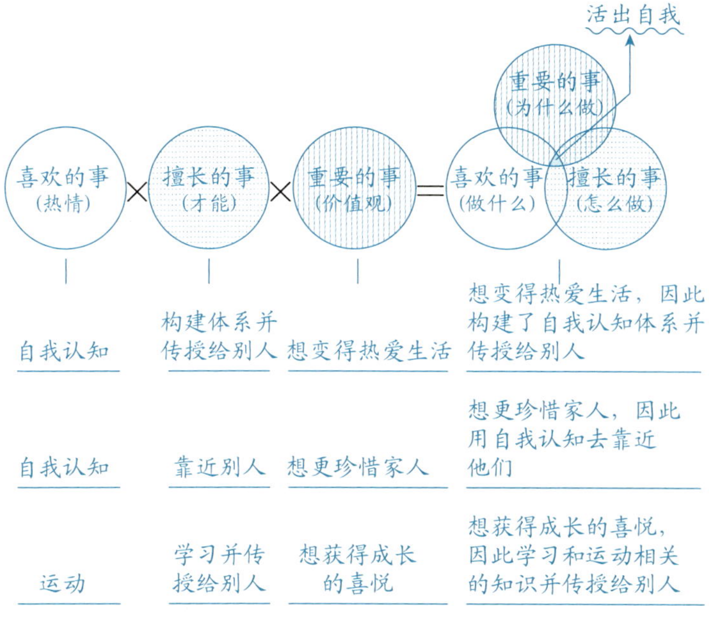

活出自我
重要的事
(为什么做)
喜欢的事
(热情)
×
擅长的事
(才能)
×
重要的事
(价值观)
=
喜欢的事
(做什么)
擅长的事
(怎么做)
自我认知
构建体系并
传授给别人
想变得热爱生活
想变得热爱生活，因此
构建了自我认知体系并
传授给别人
自我认知
靠近别人
想更珍惜家人
想更珍惜家人，因此
用自我认知去靠近
他们
运动
学习并传
授给别人
想获得成长
的喜悦
想获得成长的喜悦，
因此学习和运动相关
的知识并传授给别人

图 3-16

之前说到寻找“想做的事”，很多人会因为不知道从哪里开始找而迷茫。但是现在看来如何呢？如果将前面阐释的三个要素分别找出并组合起来的话，是不是感觉可以找到了呢？请放心，接下来我会一步一步地告诉你如何应用到实际生活中。

POINT 将三个要素组合起来，就能找到“真正想做的事”。

在“就职和跳槽”时战无不胜的原因

不知道在就职和跳槽时要以什么作为判断依据的人，如果明确了如图 3–17 所示的三个圆形里的内容就不会迷茫了。

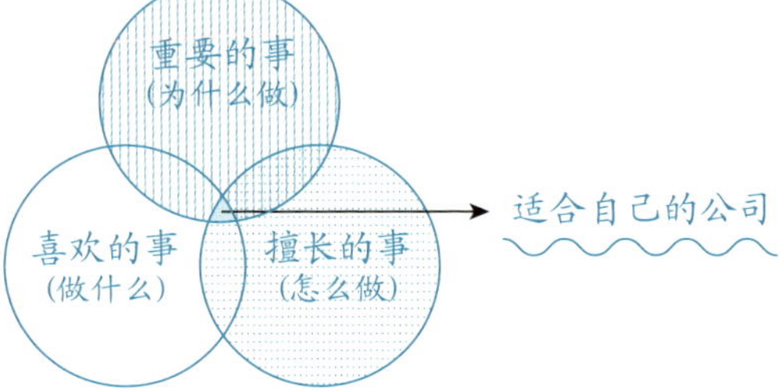

图 3–17

试着用这三个过滤器对社会上无数的公司进行筛选吧。筛选后剩下的公司只有很少一部分。而且，如果明确这三个要素的话，你在面试中也会变得无敌。因为在面试中被问到如下问题的时候，你能基于明确的依据来回答。

- 喜欢的事→为什么选择这个行业呢
- 擅长的事→怎么在这份工作中取得成果
- 重要的事→为什么选择这家公司

POINT

通过这三个视角了解自己，就能在“就职和跳槽”时战无不胜。

自我认知法规则 1：把“喜欢的事”作为工作的想法是错误的

到目前为止我说明了“自我认知法的三大支柱”。从现在起，我会介绍将自我认知法付诸行动的三项规则。

受 YouTube 宣传语的影响，很多人认同“我想凭借自己喜欢的事生活”这句话。但是，本书并不会告诉你“要凭借自己喜欢的事生活”，因为“喜欢的事”说到底只是实现工作目的的“手段”而已。

当然，能满足自我认知法其中的一个要素——“喜欢的事”也是很好的，比起做不感兴趣的工作，当然还是做感兴趣的工作更好。但是，把“喜欢的事”作为工作目的是不行的。

“凭借喜欢的事生活”这种说法有一个很大的问题，那就是想把“喜欢的事”作为工作的人，往往会因为迷失了“工作目的”而失败。

关于这个问题，举个“餐饮店”的例子。在你进入餐饮店的时候，有没有过“总觉得哪里不舒服”的感受呢？

如果有，那是因为开餐饮店的人迷失了工作目的，出现了偏差。例如：

- 是希望进来吃饭的客人变得“健康”吗
- 是想把餐饮店变成增加邂逅“可能性”的地方吗
- 是想让客人在餐饮店有种回到自己家一样的“安心感”吗

以上几条可以认为是开餐饮店的人的“工作目的”吧。

在考虑实现这个“工作目的”的时候，“菜肴”只是一种手段。为了自我满足，“只做自己喜欢的菜肴”的人绝对开不好餐饮店。客人来店里不仅是为了吃菜肴，而且是为了追求“健康”“安心”“想要悠闲地度过时间”等蕴藏在其中的价值。

如果价值观不明确的话，就会变成“欢迎所有人”的餐饮店，吸烟的商人和带孩子的夫妇会同时出现在餐饮店里。这对双方来说都感觉很不舒服，结果最后谁都不会来了。

现在有很多餐饮店可以选择，但是“欢迎所有人”的餐饮店是不会有人来的。

把喜欢的事作为工作可以满足自己，但是很难给客人提供价值。由于收入中也包括了给客人提供的价值部分，所以“欢迎所有人”的餐饮店得不到很高的收入。

仍以餐饮店为例，随着时代变化，持续做“喜欢的事”变得困难。

现在由于新冠疫情，餐饮店的经营状况变得非常严峻。[一]这时餐饮店该怎么办呢？不要执着于经营状况，而要回归到工作目的：“原本是为了什么才开的餐饮店呢？”

[一] 本书日文版出版于2020年5月。——编辑注

如果想要提供“安心感”的话，就要考虑为此自己能做的事情是什么。

如果想要提供“可能性”的话，就要考虑为此自己能做的事情是什么。

说不定，会是和“开餐饮店”完全不同的事。对只考虑自己“喜欢的事”是开餐饮店的人来说，面对变化是很难的事情，不知道接下来该做什么，会束手无策吧。

我喜欢的事是了解自己，但没想过一生都做这件事。大概因为将来某一天可能不再需要自我认知了吧。

到那时候，我就要重新考虑“怎么才能让更多的人热爱生活呢？”，然后开始寻找下一个喜欢的事并把它作为工作。

说到底，“喜欢的事”只不过是一种手段，我们不能执着于此。因此，先从“重要的事”中产生的“工作目的”里寻找“想做的事”才是自我认知法的规则。

POINT

规则 1：“喜欢的事”是手段，要先找到“重要的事”。

自我认知法规则 2：在寻找“喜欢的事”之前，先找到“擅长的事”

“在寻找想做的事时，先不要考虑金钱方面的制约和能不能做到。只需要考虑如果什么都能做到的话，你想做什么。”

在与寻找“想做的事”相关的书中经常能看到上面这句话，让人觉得“确实到现在为止没能找到想做的事是因为一直在考虑能不能做到”。我也是在为不知道自己想做什么而烦恼的时候看到的这句话。于是我开始思考：“如果什么都能做到的话，我会做什么呢？”

想来想去，还是完全想不出来。虽然感觉脑海里好像出现了一些词语，但又被“可是我没有钱啊……”“现在才开始太晚了吧……”这样的想法打消了，最终依然无法找到想做的事。

如果能抛开一切限制来考虑的话，确实能找到想做的事吧。但现实中总有各种各样的限制。如果不考虑这些限制，那我们原本就不会因为不知道“想做的事”而烦恼了。

那么，无法抛开这种限制的我们该怎么做才好呢？

我在“规则 1”中说明了要想找到“真正想做的事”，要先找到“重要的事”。接下来，为了挣脱“无法将其变成工作”的限制，我们来寻找“擅长的事”吧。

这是我在向很多人传授自我认知法的过程中得出的结论——重点在于，在寻找“喜欢的事”之前，先找到“擅长的事”。

很多人烦恼“不知道想做什么”，是因为顺序搞错了。

我刚才说过，找不到“想做的事”的最大原因是“即使找到了也无法将其变成工作”的思考局限。

反过来说，如果有自信可以把任何事都作为工作的话，很容易就能找到“想做的事”。为了拥有这种自信，重要的是明确自己“擅长的事”。

“擅长的事”是指“自己擅长的工作方式”，也可以说是“在任何情况下都能利用的长处”。也就是说，如果对自己“擅长的事”有自信的话，就可以用自己的方式，把任何喜欢的事都作为工作。

如果有这种自信，挣脱思考局限，自然就可以发现“想做的事”。所以有必要先明确自己“擅长的事”。实际上，我在找到“真正想做的事”之前，彻底磨炼了“构建体系并传授给别人”这一“擅长的事”。

对我来说，虽不确定是不是“想做的事”，但擅长且能做出成果的事就是在博客上写文章。我本就擅长写文章，所以即使不怎么努力也能取得成果。

有了成果后我就有了自信——“这样的话，不管什么事都能变成工作吧？”。因为有了这份自信，所以找到了喜欢的事，把“想做的事”变成了工作。

你可以用下面的顺序来找到“真正想做的事”。

1. 重要的事
2. 擅长的事
3. 喜欢的事

POINT

规则 2：在寻找“喜欢的事”之前，先找到“擅长的事”。

自我认知法规则 3：不要考虑“实现手段”

在自我认知过程中不能做的，就是不要胡乱去想“实现手段”。

不要先思考“写博客吧”“做 YouTuber 吧”“学编程吧”“跳槽到哪个公司好呢”“单干吧”“创业吧”“学英语吧”等，在找到“真正想做的事”之后再考虑就可以了。

这和旅行目的地还没有定下来，就先想是坐飞机去还是坐电车去是一样的。应该首先决定目的地——“真正想做的事”，然后再考虑实现手段。

“在哪个公司就职”也是实现自己“真正想做的事”的手段。即使能遇到暂时让自己觉得“很合适”的公司，但是随着时代变化，公司里的人、业绩、工作内容也都会发生变化。

“公司”不过是实现手段，如果把公司作为工作方式的中心，在情况发生变化的时候就会产生“咦，我是为了什么而工作的呢？”这样的困惑。但是，如果以自己的人生目的来考虑工作方式的话，当那家公司不再适合作为实现手段时，就可以毫不犹豫地跳槽或独立出来。再次强调一下，公司只是为了接近你人生目的的实现手段。如果觉得在那家公司无法实现自己的理想，就应该改变实现手段。

如果决定了旅行目的地，就可以轻松决定最合适的出行方式了（见图 3-18）。同样，如果明确了“真正想做的事”，就会顺其自然地决定“实现手段”，所以没有必要从初期就开始考虑，更何况实现手段也可以随时改变。

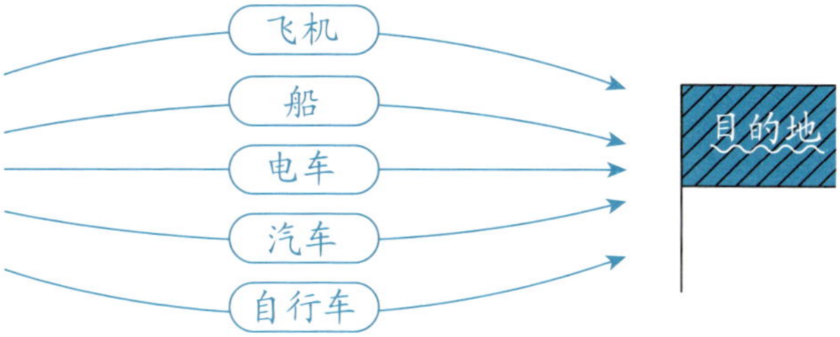

图 3-18

首先明确公式 2 中的“真正想做的事”吧。

POINT

规则 3：博客、YouTube、创业、跳槽等，这些实现手段可以在之后再考虑。

总结一下找到“想做的事”的顺序。

首先，请找到对自己来说“重要的事”（价值观）。然后决定自己的工作目的——“我为了什么而工作？”，比如我的工作目的是“让更多的人热爱生活”。想做的事是实现这个“工作目的”的手段。

其次，从“擅长的事”中寻找想做的事。这是为了让人有“只要用自己擅长的事，什么工作都可以做”的自信。然后找到“喜欢的事”。以我为例，“擅长的事”是“构建体系并传授给别人”,“喜欢的事”是“自我认知”。那么“构建自我认知体系并传授给别人”就是我“想做的事”。“为了让更多的人热爱生活，构建自我认知体系并传授给别人”是我“真正想做的事”。

最后，如果决定了真正想做的事，就要决定实现它的“手段”。以我为例，我的手段是“运营项目”“写书”“在YouTube上发布视频”“写博客”等。

以上步骤如表3-3所示，总结一下，“为了让更多的人热爱生活，我构建自我认知体系并传授给别人，并以运营自我认知项目作为实现手段”。

表3-3

			八木仁平	你
第四章	工作目的		让更多的人热爱生活	
第五章	想做的事	擅长的事	构建体系并传授给别人	
第六章		喜欢的事	自我认知	
第七章		擅长的事×喜欢的事	构建自我认知体系并传授给别人	
第八章	手段		项目、书、视频、博客	

你读完本书后，也会变得这么通透，人生就不会再迷茫了。

从下一页起，让我们一起寻找“重要的事”（价值观）吧！

第四章

找到指引人生的指南针：重要的事

保持动力不减的工作方法

怎样才能拥有源源不断的动力，一直保持对工作的热情呢？

我工作上的师傅曾经告诉我：“生意”和“工作”含义相同。“生意”的本质是“不会厌倦”[1]。不管一份工作使人多么受尊敬、多么能赚钱，如果做的是自己不感兴趣的事，就都会感到厌倦。同样地，如果只做自己想做的事却不能适应时代和客户的要求，客户也会感到厌倦。师傅让我明白，好的“生意”是自己和客户都不会厌倦的事。

---

[1] 日语中“生意”和“不厌倦”读音相同。——译者注

自己不会厌倦是绝对条件。思考怎样用自己想做又不会厌倦的事给他人带去快乐，才是真正的工作吧。

来找我咨询的客户中有一位护士。她告诉我："虽然很高兴能收到患者的感谢，但是我觉得这个工作太辛苦了，无法继续做下去。"可见，无论多么被需要，如果自己感到很辛苦的话，这份工作也无法持续做下去。

如果做的是自己"想做的事"，那么自己开心的同时会让别人感到开心。因此，越是想为别人做贡献的人，越需要找到自己"想做的事"。相反，如果做的是自己不会厌倦的事，但不是客户需要的事，这件事也无法继续下去。而且它不能称为工作，而是兴趣。兴趣基本上都是花钱的。所以，为了获得收入必须要做其他的工作。

也有人认为"坚持做'想做的事'，它就会变成工作了"，其实这种想法是错误的。如果不先考虑清楚是在为谁而做、怎么做的问题，那么，无论做了多少想做的事，永远都只是自我满足罢了。自己和别人都不会感到厌倦，才是好工作的前提条件。

那么怎样才能从事这种工作呢？这时最重要的是"重要的事"（价值观）。当"我想这样生活下去！"的人生目的和"我想带给别人这样的影响！"的工作目的完美契合在一起的时候，你自然就会爱上这份工作。

以我为例，“对生活保持强烈的热爱，也希望能帮助更多的人热爱生活”是我觉得“重要的事”（价值观）。

为了向更多的人传递这种美好的“热爱”状态，我选择了这项工作——支持更多人找到自己热爱的事情。也就是说，以“重要的事”（价值观）为中心工作的话，既能满足自己且不会感到厌倦，又能让客户满足且不感到厌倦。

POINT

以价值观为中心工作，就能一直保持工作动力。

要理解“目标”和“价值观”的区别

容易与“重要的事”（价值观）混淆的是“目标”。

打个比方，“重要的事”（价值观）是让你一直持续前进的人生方向，“目标”是这条路途上设立的检查站。目标的设立是为了确认到目前为止你在路上前进了多少距离。

价值观指示前进的“方向”，目标决定前进的“距离”（见图 4–1）。

- 价值观→方向
- 目标→距离

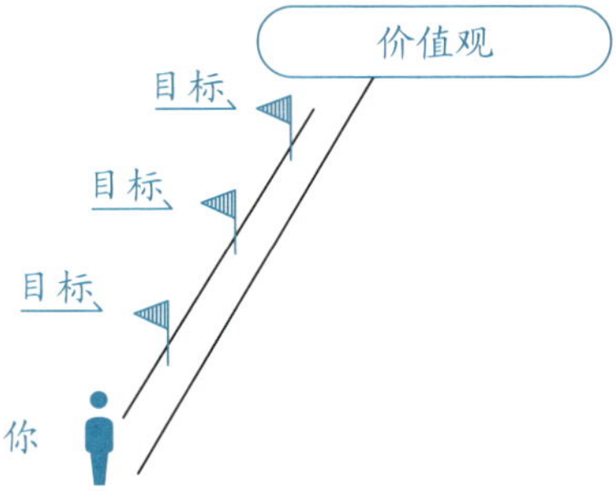

图 4–1

不知道该往哪个方向前进而漫无目的地奔跑，就像仓鼠在转轮上奔跑一样。

来咨询的客户中有人有这样的烦恼：“达成目标后就觉得自己燃烧殆尽了。”这是没有先想清楚价值观的问题就盲目定下目标造成的。即便达成了目标，也不会感到幸福，而且瞬间失去了下一个目标。

我也曾制定过“每月赚 100 万日元”的目标，并为此努力过一段时期。

虽然目标顺利达成了，但像前面说过的那样，目标达成之后我感觉自己燃烧殆尽，完全没有了继续前进的动力，最后人也变得抑郁了。我咨询了身边的管理者朋友，他们说："八木君定的目标很低呀。改成每月挣 1 000 万日元的大目标吧！"

我也真的接受了他们的建议，尝试制定了"下个月赚 1 000 万日元"的目标，但是仍旧完全没有动力。

现在看来，失败是必然结果。因为我想要的不是钱，而是钱背后的其他东西。

从那以后，我完全改变了制定目标的方法：先确定价值观，然后为满足价值观而制定必要的目标。例如，我现在的价值观是"对生活保持强烈的热爱，也希望能帮助更多的人热爱生活"。

所以我需要的钱只要能够满足我进一步学习自我认知及生活需求就可以了。算起来，每个月只需要 50 万日元，我就可以尽情学习，心无旁骛。所以我不会将月入超过 50 万日元作为目标，即使作为目标我也没有动力去达成。

现在，我的目标是让更多的人学习自我认知课程并取得成果（见图 4-2）。

如果来听课的人数增加，收入自然也会随之增加，但说到底这只是一个“数字”而已，其深层反映的是我对他人产生了多大影响。

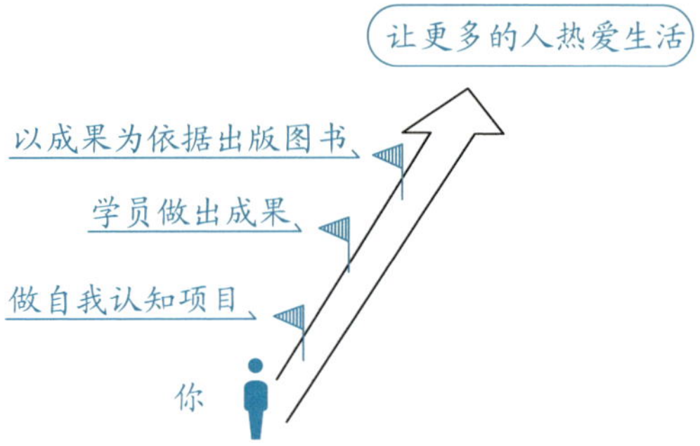

图 4-2

你有动力去实现现在制定的目标吗？如果动力不足的话，那是因为目标偏离了你的价值观。看看目标的旗帜是不是设立在了偏离自己前进方向的地方了呢（见图 4-3）？

图 4-3

当你找到对自己真正有价值的事情时，就不会为没有动力而烦恼了。如果现在你正在为没有动力而苦恼，苦思冥想也不知道怎样才能激发动力的话，说明此时此刻你所走的路是错误的。你需要做的不是学习提高动力的方法，而是明确人生目的，即价值观，然后制定一个不需要考虑如何提高动力的目标。

POINT

价值观是让你一直持续前进的人生方向。

目标是这条路途上设立的检查站。

辨别“真正的价值观”和“虚假的价值观”的方法

在寻找价值观时，我想提醒你一点：价值观没有标准答案。

即使没有得到别人的共鸣，只要你自己认为“我想以这种方式生活！”，那就是真正的价值观。

不要将“应该这样生活”这种虚假的价值观误认为是自己真正的价值观（见图 4–4）。这是父母和社会等外在世界无形中强加给你的“别人的价值观”。如果没有意识到自己的价值观，你在不知不觉中就会按照周围人的期待而活。

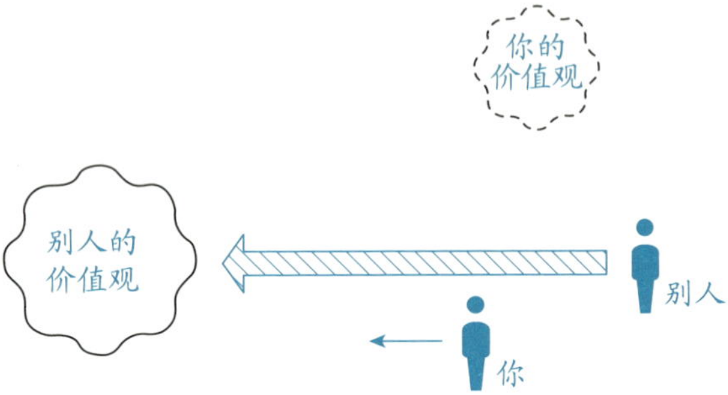

图 4-4

我的客户中就有人掉进了这个陷阱。在成长过程中，他的父母一直教育他“不进步是不行的”，灌输给他“追求成长”的价值观。受此影响，至今为止他都在以“能让自己获得成长”为标准来找工作，即使很累，他也为了追求成长而咬紧牙关。

我问他：“你想获得成长吗？”他回答说：“我觉得必须成长。”“必须成长”“应该成长”并不是发自内心的感受，而是父母灌输给他的虚假的价值观。

我又问他：“你觉得能够一直追求的人生目的是什么呢？”他苦思冥想，好不容易才找到“发现”这一价值观。因为他认识到不重复做同样的事情，每天都有新的“觉察”（发现）是自己最开心的状态。

明白什么是自己的价值观后，我们再确认一下其中是否混入了虚假的价值观。

把每一件事都拿出来问问自己：是“我想做”还是“我应该做”？一旦出现“应该做”“不得不做”的答案，那便是别人对自己的期待，而不是自己真正期望的——即使去追求也只会感到后悔。

> **POINT**
> “我想做……”是真正的价值观。
> “我应该做……”是父母和社会强加给你的虚假的价值观。

5 个步骤找出真正的价值观

以下 5 个步骤可以帮你寻找真正的价值观。

1. 回答 5 个问题，找出价值观关键词。
2. 形成价值观思维导图。
3. 从“以他人为中心”的价值观转变为“以自我为中心”的价值观。
4. 列出价值观排序，确定优先级。
5. 确定工作目的，工作自然顺利进行。

只要按照步骤来做就不难。读完上述 5 个步骤，说出最多 5 个最能打动你内心的价值观，然后把这些价值观做个排名。这个价值观排名将是你一生的指南针。

我可以自信地说我是为了以下 5 个价值观而活的。

1. 审美意识：过着美好的生活。

2. 热爱：热衷于想做的事。

3. 成果：追求成果，也给别人带去好的成果。

4. 好奇心：随兴趣行动。

5. 简单：过少有彷徨、潇洒的生活。

如果有人问我“你的人生目的是什么？”，我会马上回答：“过美好的生活。”当被问到“你的工作目的是什么？”时，我也可以马上回答：“为了让更多的人热爱生活。”寻找价值观的目的就是让你消除迷茫，进入这种确信的状态（见图 4-5）。

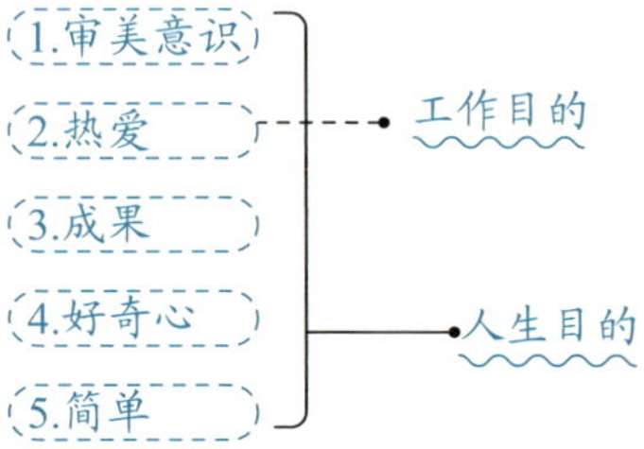

图 4-5

POINT

通过 5 个步骤，列出价值观排序。

无法很好地回答出问题时的两种应对方法

你可能会面临这种情况：虽然很想回答这些问题，却怎么也答不上来。经常有人问我："不能很好地回答问题，是因为我不了解自己吗？"其实，并不是这样的。你只是还没找到适合自己的思考方式而已。

下面我将介绍两种应对方法。每当我不能很好地思考时，就经常使用这两种方法。

一种方法是"书写冥想"，另一种方法是"提问对话"。我对这两种方法都做出说明，请你选择适合自己的方法。

首先我解释一下什么是"书写冥想"（见图 4–6）。准备一张纸，然后把想回答的问题写在纸的最上面。将定时器设定为 3 分钟，在 3 分钟内把由问题想到的内容直接写出来。

书写冥想的重点是要遵守"3 分钟内不能停笔"的规则。如果什么都想不出来的话，就直接写"什么都想不出来，怎么办？”。“书写冥想”强调的是：有意识地动手写比边想边写更重要。动手会引发思考，意外的答案就会在不经意间跃然纸上。

如果说普通笔记是用大脑书写的，那么书写冥想是用身体书写的。

- 用大脑书写 = 普通笔记
- 用身体书写 = 书写冥想

图 4-6

一项研究表明，一般来说，失业者中大约有 27% 的人能在 5 天内找到新工作。如果让失业者在 5 天内用书写冥想梳理自己的情绪，则会有多达 68% 的人可以找到新工作。也就是说，书写冥想用在一个人与自己的情绪对话中非常有效。

正因为书写冥想对回答自我认知的问题来说是非常有效的工具，所以当你回答不出问题的时候，一定要灵活运用它。

接下来，介绍“提问对话”（见图 4-7）。顾名思义，这种方法是通过提问的方式产生对话，进而了解自己。可以把人大致分为两种类型：一类是通过自己一个人认真思索来加深思考，另一类是通过和别人对话加深思考。提问对话方法更适合后者。

图 4-7

先请朋友或家人读出你想回答的问题。譬如“喜欢哪个名人？”“喜欢身边的哪个人？”“喜欢漫画中哪个角色？”“喜欢他们的什么？”之类的问题。接下来围绕主题，像平时那样聊天。随着对话的进行，你会注意到自己的想法逐渐清晰起来。

提问对话方法有“能客观看待自己想法”的优点。

自己一个人思考出来的答案，可能会想当然地认为“这是理所当然的，大家都是这样的吧”。但是，找到对自己来说理所当然的事情不是自我认知的目的。所以，需要特别警惕的是，答案可能不是“理所当然的”，而是“对自己来说是理所当然的，但在别人眼里是特别的”。

使用提问对话方法的时候，自然就能察觉到这一点。我建议你通过使用本书列出的问题与朋友进行讨论，加深自我认知。相信你一定会有以前没有注意到的新发现。请一定要把朋友和家人拉进来，帮助你努力了解自己。

那么，现在开始找出真正的价值观吧。

步骤一：回答 5 个问题，找出价值观关键词

为了找到价值观，我将介绍严选出的 5 个问题和回答样例。首先请回答 5 个问题，思考价值观关键词的时候请参考书后问题清单中的“重要的事（价值观）100 例清单”。

● 问题 1：你尊敬的人、尊敬的朋友、喜欢的角色分别是谁？你尊敬或喜欢他们哪些地方？

思考自己尊敬的人时，看那个人“正在做的事”没什么意义。因为那个人“想做的事”和你“想做的事”是不同的。如果因为憧憬那个人，甚至想要模仿他“想做的事”的话，就会变成第三章中提到的以“想成为的人”为目标的状态，无法顺利回答这一问题。所以就让我们从“价值观”的角度来思考一下自己尊敬的人吧。

思考的时候，无论是谁，只要他能让你感到“想这样

生活下去”的雀跃就可以。无论是公司里的上司还是生活里的朋友都可以。

当你脑海中浮现出这个人之后，请继续思考：“他有什么魅力呢？”

例如，我非常尊敬漫画*BLUE GIANT*（石冢真一著）的主人公“宫本大”。

为什么这么说呢，是因为他“志向远大且热衷于此”。他以成为世界第一的萨克斯选手为目标，每天练习，一点点积累必要的技能和知识，这让我非常感动。我试着思考了一下“我为什么觉得宫本大很帅呢？”,那是因为我也“正在朝着自己发自内心热衷的梦想而努力着”。我再次认识到了“热爱”的价值观。

你尊敬的人是能反映出你价值观的人。如果尊敬的人有很多，请思考一下你尊敬他们的哪些特质。如果能在每个人身上找到共同的价值观，那它们对你来说就是非常重要的价值观。

- 问题 2：在小时候和青春期阶段的事情或经历，对现在的你影响最大的是什么？对你的价值观造成了什么影响？

一般而言，小时候的经历形成了价值观的根基。那么，什么样的经历造就了你现在的想法呢？

例如，对我影响最大的经历发生在小学 2 年级的时候。当时班主任的形象和我之前对老师的印象完全相反，这件事给我带来了很大的冲击。

她把长发烫成很夸张的样式，双手戴着叮当作响的饰品，穿着黑色的紧身破洞牛仔裤。她语气很强硬，生气的时候非常恐怖。但她是非常有爱心的老师，照顾班里每一个学生。要说受到她什么影响的话，就是不被常识束缚，顺从自己的“审美意识”这一点。她的判断基准在自己心中，如果被学校的规则所束缚，她就不会穿那样的衣服了。

我觉得“她非常帅气，我想像她那样生活下去”。从这个经历中，我形成了遵从“审美意识”生活的价值观。与其说是形成了，不如说是心里的种子在与她接触的过程中发芽了。

你现在还能想起来的印象深刻的童年经历是什么呢？

与自己的价值观相融合的经历，因为伴随着强烈的感情，留在了记忆里。请从现在想到的经历中，思考一下自己从中学到了什么样的价值观。

• 问题3：你觉得现在的社会有什么不足？

纵观社会，你会对什么事情感到不满呢？感到不满便说明你心中描绘了更理想的社会面貌，即使是模糊的。但由于理想完全没有实现，你会感到不满。

填补理想和现实之间的差距是你“想做的事”。“为什么大家都这么讨厌工作？”——我一直对这件事感到困惑。

我每天都会感到不满：把目光投向自己“真正想做的事”，并把它作为工作其实是很简单就能做到的……也就是说，我觉得社会中欠缺的是“热爱”。我强烈地感觉到，如果越来越多的人能热爱生活就好了，所以我把让更多的人热爱生活作为我的工作。

你感到不满的事和其他人感到不满的事可能完全不同。比如针对社会有什么不足这个问题，我的客户曾给出过这样的回答：

- 灵活性
- 体贴
- 充裕的时间
- 对健康的意识

• 和自己面对面的时间

从这里可以看出我这位客户的价值观和工作目的。那么，你觉得现在的社会有什么不足呢？

• 问题 4：问一下周围的人："你觉得我在人生中比较看重什么？"

可以听听他们提到的具体案例。

实际上价值观已经在你的生活中发挥作用了。因此，即使你没有注意到，周围的人也会察觉。看自己脸的时候会用到镜子，同样地，想看清自己的价值观的时候，把周围的人当成镜子吧。请一定要问一下身边的人，他们认为你的价值观是什么，会有惊人的发现哦。我自己也曾试着询问妻子和同事。

妻子的回答是"简单"。

"无论是工作计划、思考方式还是生活方式都很注重简单。因为你明白人生有限，不想再做多余的事情，所以想过完全简单的生活。只和必要的人交往，只买简单方便的东西。"

同事井上先生的回答是“寻根究底”。

“我认为你很看重对一件事寻根究底。自我认知本身或许就是对人生寻根究底，所以你才会选择自己热爱的事，追求本质和真理并做出成果吧。”

像这样听过身边的人的回答后，你就能找出其中的共同点。我的价值观看起来似乎是“简单”生活，“热衷追求”自己真正想做的事。这样一来，我更加确信了自己的价值观。

请你也一定要问一下身边亲近的人。如果对方告诉你的话，我建议你可以把你感受到的对方的价值观也写出来作为回礼。也许你们会成为一起推动自我认知的好搭档。

● 问题 5：“培养孩子，或者给别人建议时你最想告诉他们的是什么？最不想告诉他们的是什么？”

在考虑作为工作目的的价值观时，建议问一下自己这个问题。你有想传授给孩子或别人的东西，就意味着想给周围的人带来影响，这就和“工作目的”相关联。

把想传授给他们的东西逐条写出来吧，然后请思考每一条想要传达的价值观关键词，那就是你的价值观。

- 最好尽可能创造出不依赖组织的收入来源→自立
- 最好每天运动，维持能一直快乐生活的身体→热爱
- 继续做讨厌的工作会渐渐失去自信，所以最好开始做感兴趣的事情→真心
- 最好精简持有的物品和维持的人际关系，只留下最重要的→简单

另外，把不想传授的内容也逐条写出来吧。比如“不愿想象能说出这种话的自己”，如果有这样的感受是最好的。

- 现在社会不安定，所以先找个工作让自己稳定一点比较好→稳定，反义词是“挑战”
- 忍耐也是工作，功到自然成，再稍微坚持一下吧→忍耐，反义词是“好奇心”
- 挑战很危险，还是放弃比较好吧→维持现状，反义词是“成长”

我一想到自己说出这样的话，就毛骨悚然。从这些词语中，我们可以看到与自己的价值观相反的东西。

你想传授给别人的是什么？

反过来说，你绝对不想传授给别人的是什么？

由此可以看出你对周围人做工作时的工作目的。

步骤二：形成价值观思维导图

回答完问题后你会收集到自己的价值观关键词。接下来，把像价值观关键词的词语整合一下吧。如果价值观关键词少于 15 个，建议再多回答一些问题清单中的问题。关键词越多，梳理的时候就越容易明确自己的价值观。

列出价值观关键词清单时，会出现很多相似的词语，但尚不知道优先选择哪个才好。没关系，这一阶段的目的就是梳理出这些价值观关键词。我推荐用“价值观思维导图”（见图 4–8）。推荐用便笺纸手写，当然也可以用 app。

请先把价值观关键词全部写出来，接下来把对自己来说含义相近的关键词分成一组，每组 4 ～ 6 个。分好之后请思考一下能概括这几组词语的价值观关键词。

将相似的关键词概括起来，你就会发现“这可能是我的价值观！”。

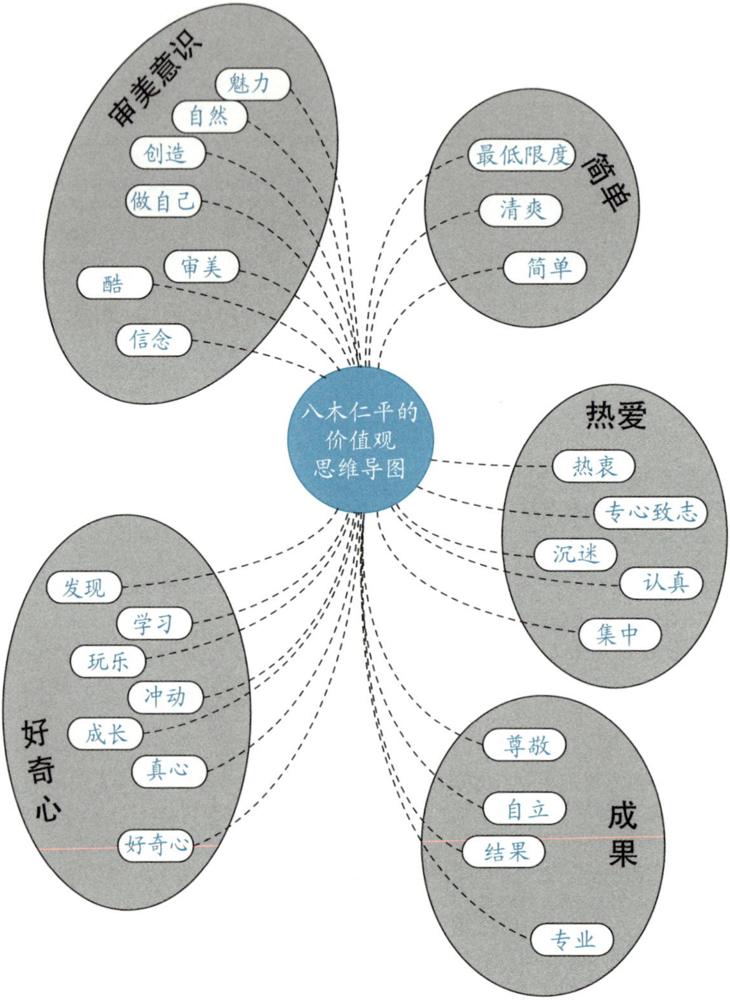
八木仁平的价值观思维导图
审美意识
魅力
自然
创造
做自己
审美
酷
信念
简单
最低限度
清爽
简单
热爱
热衷
专心致志
沉迷
认真
集中
好奇心
发现
学习
玩乐
冲动
成长
真心
好奇心
成果
尊敬
自立
结果
专业

图 4-8

例如，我把“最低限度、清爽、简单”这三个词概括成了“简单”。一次性写出很多关键词后进行总结，你就能做出不流于表面的原创价值观排序。

POINT 将含义相似的关键词分成一组。

步骤三：从“以他人为中心”的价值观转变为“以自我为中心”的价值观

虽然说价值观没有正确答案，但是有一点需要注意：最好不要把自己无法控制的事情作为价值观。

比如说“想受人尊敬”的价值观。能否受人尊敬是你无法控制的，虽然可以做受人尊敬的行为，但是能否得到尊敬要看对方。除此之外，“想暴富”的价值观也是如此。付钱的是客户，这一行为当然也不受你的控制。这就和试图控制天气一样：“为什么今天下雨呢！快放晴！快放晴！”

如果你追求这样的价值观，实际上只会变得不幸。

有一项研究调查了罗切斯特大学毕业生中“制定目标的毕业生”与“制定目标后的人生满足感”之间的关系。

制定目标的毕业生大致分为两类。

一类是想帮助别人提升人生的同时自己获得学习成长的有“目的志向型目标”的毕业生。

另一类是有“成为有钱人”“想出名”等“利益志向型目标”的毕业生。

一两年后研究人员再次观察毕业生的情况时发现，抱有目的志向型目标并感觉在逐步实现这一目标的毕业生，得到了很大的满足感和主观上的幸福感，感到不安和失落的程度非常低。

而抱有利益志向型目标的毕业生虽然达成了成为有钱人、受人尊敬等目标，但比起学生时代，其满足感、高自尊等积极的情感并没有增加。研究表明，他们的不安、失落等消极情绪正在增强。

从这项研究中可以看出：“利益志向型的目标就算达成了也无法使人幸福，实际上还会使人变得不幸。”

- 目的志向型目标

  “帮助别人提升人生的同时自己获得学习成长”→幸福度

- 利益志向型目标

  “成为有钱人”“想出名”→不安 / 失落

了解这项研究的时候，我明白了无论怎么追求金钱也不会变得幸福这个道理。

如果你也和我一样曾有“想赚钱”“想被人尊敬”的渴望，完全没有必要否定它们。可以不把它们作为人生目的，而是作为一种动力。

具体方法是问问自己“赚到钱之后想做什么？”，即找到比金钱更想得到的东西。比如说，我曾经的价值观是“想出名”。经过一番思考，我发现有钱后想得到的是“好奇心”。“好奇心”便成了我的价值观。

- 为什么想出名？→因为想被别人追捧
- 为什么想被追捧？→为了认可自己的存在
- 如果被认可的话想做什么？→不在意别人的眼光，只想按照自己的好奇心生活
- 如果不出名就无法做到吗？→可以做到

因为能否出名这件事自己无法控制，所以这是“以他人为中心”的价值观，但是跟随自己的好奇心生活是自己可以控制的，所以是“以自我为中心”的价值观。我并不是说要放弃成为有钱人或放弃出名。只是不能忽略其背后的真正目的。

实际上，越是追求“以自我为中心”的价值观，就越容易实现“以他人为中心”的价值观。

我跟随着自己的好奇心，不断学习并向外输出，自然而然地提高了知名度，逐渐实现了原本以他人为中心的价值观——“想出名！”。

若是以“出名”为目的的话，估计我只会做一些看起来确实会成功的事情。其结果就是我无法按照好奇心去追求自己喜欢的事，也不能达到将自己的方法通过写书实现系统化的目的。实际上，以自我为中心地生活下去，自然也会满足以他人为中心的价值观。

你回答了寻找价值观相关的问题之后，有没有出现自己无法控制的关键词？

如果有，对于出现的此类价值观，问一下自己：“我的目的是什么？”“目的达成了之后我想做什么？”，请试着考虑一下在这之后自己想得到的东西。

我再举两个例子。

例子 1：有钱人 ⇒ 真实的自己

▷ 想成为有钱人

▷ 为什么？→因为会受人尊敬

▷ 受人尊敬之后想做什么？→别人会重视自己，会对自己很友好。

▷ 那是为了什么？→想活出更真实的自己

▷ 如果不变成有钱人就无法做到吗？→可以做到

例子 2：有钱人 ⇨ 学习

▷ 想成为有钱人

▷ 为什么？→想学驾驶直升机

▷ 为什么？→学习新事物很开心

▷ 如果不变成有钱人就无法做到吗？→可以做到

将“以他人为中心”的价值观作为目标的话，无论过多久内心都不会得到真正的满足。请在这一步中明确你所追求的“以自我为中心”的价值观。

POINT 将无法控制的“以他人为中心”的价值观，转换为可以控制的“以自我为中心”的价值观。

步骤四：列出价值观排序，确定优先级

接下来，让我们把列出的价值观关键词做出排序

吧。我能理解“无论哪一个都很重要，所以没法排序……”这样的想法。但是，如果能做好这个排序，确实能减轻你在今后人生中的迷惘感，所以请一定要试着做一下。

做排序的诀窍是思考：“到底哪一个是我的最终目的？”

例如，我把 5 个价值观进行了如图 4-9 所示的排序。

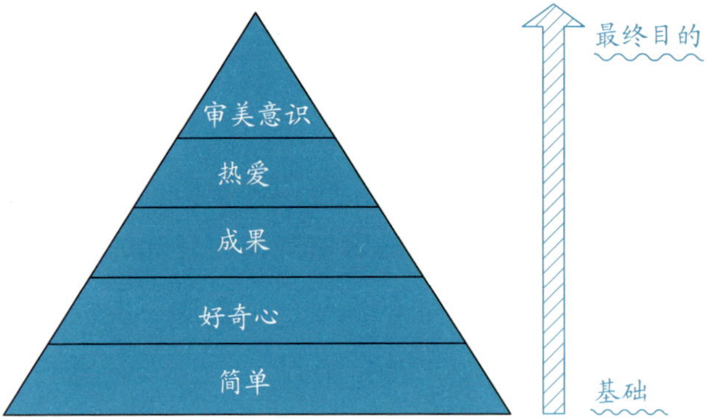

图 4-9

为什么要这样排序呢？因为这样容易看出图中最下面是应该优先满足的“基础”价值观，最上面的则是“最终目的”。比如我非常喜欢“简单”的状态，但它并不是最终目的。最终目的是遵从“审美意识”，过着美好的生活。而且，所有的价值观都是以如下的方式联系在一起的。

1. 审美意识→过着美好的生活

↑只有在热爱状态下的人才是最美的

2. 热爱→热衷于想做的事

↑一旦决定做出成果就会沉迷其中

3. 成果→追求成果，也给别人带去好的成果

↑认真做喜欢的事，会得到成果

4. 好奇心→随兴趣行动

↑不迷茫的话很容易遵从好奇心行动

5. 简单→过少有彷徨、潇洒的生活

例如，随着好奇心而欢欣雀跃的原动力是和“热爱”联系在一起的，没有好奇心则很难沉迷其中。而埋头做自己想做的事，处于“热爱”状态的人，会让人觉得“很美”。因此，我人生的最终目的是“审美意识”，即“过着美好的生活”。

请试着用这种思考方式给价值观排序。如果能列出这个排序，价值观中还欠缺哪些部分就一目了然了。

在今后的人生中，因为要决定“走哪条路”而犹豫不决的情况会减少很多。为了拥有从烦闷中解放出来的生活方式，这个排序的步骤是必需的。

POINT

给价值观排序。

步骤五：确定工作目的，工作自然顺利进行

完成人生目的的价值观排序后，接下来考虑一下你的“工作目的”吧。

价值观先要满足自己，因此重要的是通过忠于自己价值观的生活方式来满足自己。例如，如果有的人的价值观是“安心”，那就每天做让自己感到安心的事情。

然后，如果自己得到满足，自然就想把这个价值观也推广给周围的人。像满溢的水从杯子中流淌出来，蔓延到了周围（见图 4–10）。

图 4–10

从自己拥有的价值观列表中选择想推广给周围人的价值观吧。如果不是自己真心认为很重要的价值观，就无法为了实现它而铆足干劲。

我在 5 个价值观中将“热爱”设定为工作目的。在这之前找到的“想做的事”是为达到工作目的的手段。我“想做的事”是“自我认知”,工作目的是将“热爱”传递给大家。因为喜欢“自我认知”所以想传授给别人，但如果能让别人产生热爱的情绪，用其他手段也没关系。

客户也想要收获“价值”。我的客户想要的不仅是“自我认知的知识”，而是在那背后的“热爱”。例如，RIZAP 集团提供了一种通过运动和吃饭搭配的“减肥法”，集团会员数超过了 10 万人。RIZAP 集团的负责人迎先生说：“RIZAP 并不只是让人变瘦的减肥中心。我们的价值是通过 RIZAP 改变客户的人生，让他们散发光芒、充满自信、感受幸福。我认为提供这些价值是我们的工作。”

在将减肥作为工作内容之前，设定了“充满自信，人生闪耀”的工作目的。可以看出这正是基于工作目的产生的工作方式。

那么怎样才能确定工作目的呢？有效的办法是回顾一下你想要为别人提供价值的经历。

即使自己没有意识到，人也会为了影响周围的世界而采取某些行动。虽然会带来怎样的影响因人而异，但你也一定有过这样的经历。

回顾一下那样的经历，你就会发现自己“无意识地试图影响周围”。这就是你的“工作目的”。

请具体回想一下10个向他人提供价值的经历。仅凭单个经历可能会得出错误结论，所以回顾10个很重要。即使不是为他人“提供了价值”，只是向他人“试图提供价值”也可以。因为只要有试图提供价值的想法，之后再学习“技能和知识”也不晚。

例如，我有以下10个经历（见表4–1）。

表4–1

	向他人提供价值的经历
1	中学时，为了让羽毛球部的队员发挥出全部实力，拼命加油鼓劲
2	在网上一直鼓励他人“做自己喜欢的事”
3	职场中，当后辈来请教问题时，详细地向他说明今后要做的事情，让他不再迷茫
4	小学时在白纸上发明新游戏，邀请朋友一起玩耍
5	在羽毛球部的社团活动中发明新游戏，让练习变得更有趣
6	课外补习班结束后，向后辈分享提高成绩的方法
7	事业方面获得成就后，用经历告诉他人“你也能行！”
8	如果看到有人具备非常厉害的长处却没有发挥，会鼓励他“你可以在这方面努力”
9	在羽毛球部练习时，实践从书本上获得的新知识
10	向他人推荐能够节约时间的洗烘一体机

在梳理出经验后，请思考一下：“你想提供什么样的价值？”

虽然会出现各种各样的关键词，但只要把出现最多的关键词定为你的“工作目的”就可以了。以我为例，我向他人提供的价值观如表 4-2 所示。

表 4-2

	向他人提供价值的经历	向他人提供的价值观
1	中学时，为了让羽毛球部的队员发挥出全部实力，拼命加油鼓劲	认真和专心
2	在网上一直鼓励他人“做自己喜欢的事情”	热爱
3	职场中，当后辈来请教问题时，详细地向他说明今后要做的事情，让他不再迷茫	简单和热爱
4	小学时在白纸上发明新游戏，邀请朋友一起玩耍	好奇心和热爱
5	在羽毛球部的社团活动中发明新游戏，让练习变得更有趣	好奇心和热爱
6	课外补习班结束后，向后辈分享提高成绩的方法	成果和热爱
7	事业方面获得成就后，用经历告诉他人“你也能行！”	自信和热爱
8	如果看到有人具备非常厉害的长处却没有发挥，会鼓励他“你可以在这方面努力”	简单和热爱
9	在羽毛球部练习时，实践从书本上获得的新知识	好奇心
10	向他人推荐能够节约时间的洗烘一体机	简单、好奇心和热爱

一旦确定了工作目的，就可以从很多想做的事中找到自己“真正想做的事”。

例如，我对“桌游”和“时尚”等其他东西也有兴趣，但对“让更多的人热爱生活”这一目的来说，我觉得自我认知是最适合的，所以我把将自我认知法传授给别人作为工作。有客户会给我写邮件：“多亏遇到了自我认知项目，我的人生发生了很大变化。非常感谢！”每当收到这样的邮件时，我都会觉得“选择了自我认知真是太好了”。

即使今后找到很多“想做的事”，只要确定了“提供价值”的工作目的，就能找到“真正想做的事”。

顺便说一下，“想让别人开心”“想让别人幸福”都不是工作目的。因为任何事都可以让别人开心。如果将其定为“工作目的”，就会因无法确定想做的事而一直迷茫下去。

有这种情况时，请考虑一下“人在什么时候才会露出笑容呢？”或者“人在什么时候会感到幸福呢？”，在“感到安心时会露出笑容”“欢欣雀跃时会露出笑容”等这些回答中会出现你的价值观。

如果经过这些步骤还不能明确价值观的话，请试着回答“问题清单”中带★的问题吧。

如果确定了工作目的，接下来就去寻找实现这个目的的“想做的事”吧。

POINT

从价值观排序确定工作目的。

5

第五章

只要找到“擅长的事”，就可以应用到工作中

何为“擅长的事”

“想做的事”是“喜欢的事”和“擅长的事”的结合。为了找到“想做的事”，首先要找到“擅长的事”。正如前面所述，找不到“喜欢的事”的最大原因是“即使找到了也没有将其作为工作的自信”。

通过找到自己擅长的事就可以突破这个障碍。但我们先要重新定义“擅长的事”。

擅长的事 = 通过无意识的思考、感情和行动模式取得成果。

这就是“擅长的事”的定义。可能这样说大家也不是很明白。简单来说，“习惯”就是“擅长的事”，并不是指运动才能或音乐才能这种耀眼的才华，而是你无意识地自然而然在做的事情。

比如：

- 总是在观察别人
- 总是想到什么就马上行动
- 总是体谅别人的感受
- 总是在考虑如何取胜
- 总是在想怎么才能让别人开心

这样的思维习惯和心理习惯就是“擅长的事”。“擅长的事”对你来说是“无意识”的，所以很难捕捉到。

试着在脑海中想象出一张纸，用手写下自己的名字吧。

写好了吗？你是用哪一只手写的呢？

99% 的人应该是什么都没想就用自己的惯用手写的，写的时候也没有“我在用惯用手”的意识。这就是无意识的行为。

不做自己擅长的事，就像一直不用惯用手生活一样。无论怎么努力，惯用手和另一只手交替使用的人，也不可能赢得过一直用惯用手的人。

因为用惯用手是无意识的行为，所以几乎没有人意识到“现在，要用惯用手了哦！”。同理，我们需要花时间回想自己的行为，发掘自己无意识中能做到的“擅长的事”。

POINT 擅长的事（才能）= 无意识的习惯，需要通过回顾自己的行为去发现。

由“努力改变自己”变成“努力发挥自己的长处”

如果你现在觉得“自己只有缺点”，那就是机会所在。

擅长的事（才能）本身只是“习惯”。因为是习惯，所以没有好坏之分。“习惯”既可以成为“优点”也可以成为“缺点”，这取决于你如何看待它。例如，“做事情时小心谨慎”是一种习惯，面对不能出错的工作时它会成为优点，但是面对需要快速完成的工作时它就变成了缺点。

必须明白如何将自己擅长的事（才能）作为优点发挥

出来（见图 5–1）。

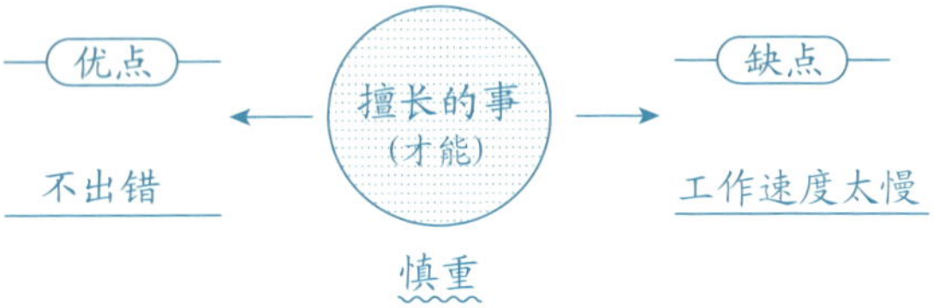

图 5–1

过去的我也只关注自己的缺点。我觉得自己的缺点是“和别人长时间在一起会很累”。

我一直以来都觉得“我必须交很多朋友，成为受欢迎的人”。为了克服缺点，我尝试了 100 次搭便车旅行。但是，面对第一次见面的人时我依然有心理障碍，也没能成为自己憧憬过的有很多朋友的人。

努力克服缺点很痛苦，失败时也只会自我否定，认为“自己努力也改变不了”。

不要想着克服缺点，试着改变一下视角吧。乍看之下，“和别人长时间在一起会很累”只会是缺点，但如果从另一个角度来看，它会变成怎样的优点呢？

我将它变成了“可以一个人专注做事情”的优点。我能够勤奋地更新博客、出版图书，正是因为有着“可以一个人专注做事情”的优点。

如果我选择否定“可以一个人专注做事情”的才能，虽然很辛苦但还是坚持在人群中强颜欢笑的话，我就会变成没有个性的无聊的人吧。

我现在能这样通过写文章生活，是因为我把自己的才能当作优点。努力一定会有回报是骗人的，比如克服缺点的努力就没有意义。一直着眼于自己不擅长的事，只会让你更快地否定自己。

你知道“少女与老妇”这幅视错觉图吗（见图 5–2）？

图 5–2

这张画上的人物，既可以看作脸朝里的少女，也可以看作脸朝外的老妇。

这和“擅长的事（才能）”的特点非常吻合。不管是什么“擅长的事”，根据个人看法的不同它都会变成优点或缺点。因此，每个人拥有的才能没有优劣之分，重要的是理解自己“擅长的事”并灵活运用。

让我们从根本上改变想法吧！从现在起，不要再“努力改变自己的缺点”,开始“努力灵活运用自己的优点”吧。

你并不是欠缺才能，只是不知道如何使用它们而已。在这里告诉大家一个可以瞬间把你的缺点变成优点的简单方法。那就是把“……所以”的辩白，换成“正因为……”的解释。

比如“我很认生，所以我很难交到新朋友。”

把“所以”试着变成“正因为”吧。这样的话就变成“正因为认生，我才能认真地和重要的人相处”“正因为认生，我才能拥有独立思考的时间”，一瞬间就把缺点转换成优点了。

问题清单中将“擅长的事（才能）”和优缺点的关系总结成了擅长的事（才能）100 例清单，为了将习惯变成优点，请一定要充分利用这份清单。

不要再努力改变自己的缺点，开始努力灵活运用自己的优点吧。

POINT

× 努力改变自己的缺点。

√ 努力灵活运用自己的优点。

“自我提升类图书”读得越多，人越易失去自信

有的人想“怎样才能成功呢？”，于是四处搜寻自我提升类的书，但这只会适得其反。

这类书读得越多，人越容易失去自信。之所以会如此，是因为从书中学习的是“作者所拥有的优点的使用方法”。

自我提升类图书里会写一些成功案例：“我这样做之后就变得很顺利。”看起来“这样做”是唯一的正确答案。但那是对作者来说的优点的使用方法，不一定适用于你。即使认真听了他的建议去行动，如果不适合你的话还是没有意义。

越照做，你越觉得“把作者说的付诸行动也没有结果，我真是不行啊……”，从而渐渐失去自信。

我在大学时期曾读过一本叫《去扩展人脉吧！》的

书，于是立下目标要尝试100次搭便车旅行。但是，那对我来说完全只有痛苦，因为我真的不擅长和第一次见面的人说话。越做越觉得“完全没法和第一次见面的人搞好关系……”，从而失去自信。

结果尝试了100次搭便车旅行后，我得出的结论是“不适合每天和第一次见面的人说话”。

虽然最终收获是明白了这件事不适合我，但如果用那段时间做些能发挥自己的优点的事，让自己前进会更有益处。

当时的我没有意识到自己就像一条鱼练习在空中飞一样，一直认为自己“无论怎么练习都飞不起来，我真是不行”，于是失去了自信。

在憧憬飞翔在空中的鸟之前，要先思考“我到底有什么才能呢？”。

你是在海里游泳的鱼，还是天上飞翔的鸟呢？

既有与少数人交往就做出成果的人，也有利用人脉做出成果的人。“只拥有真正重要的伙伴”和“建立广泛的人脉”，两个都是正确答案。

重要的不是模仿别人使用优点的方法，而是建立适用于自己的成功法则。

请制作只属于自己的使用说明书。从此之后你不会再过做自己不擅长的事且“提不起干劲”的日子，人生游戏的难度会一下子降低很多。

POINT

× 读自我提升类图书就会知道成功的方法。

√ 自己的成功法则只存在于自己身上。

打磨自己的“长处”，将其变成不可替代的存在

你越是使用自己的长处，优势就变得越突出。比起克服不擅长的事情来说，做擅长的事更能得到发展。

有一项研究以16岁的学生为对象，对他们进行为期3年的速读训练，调查其阅读速度能提高多少。实验分两组，A组的学生每分钟平均能读90个字，B组的学生每分钟平均能读350个字，两组接受了同样的速读训练。

3年后，A组的学生每分钟平均能读150个字，提高了近1倍，取得了很棒的成绩。

与此同时，B组的学生竟然能每分钟平均读2 900个字，

提高了近 8 倍（见图 5-3）。

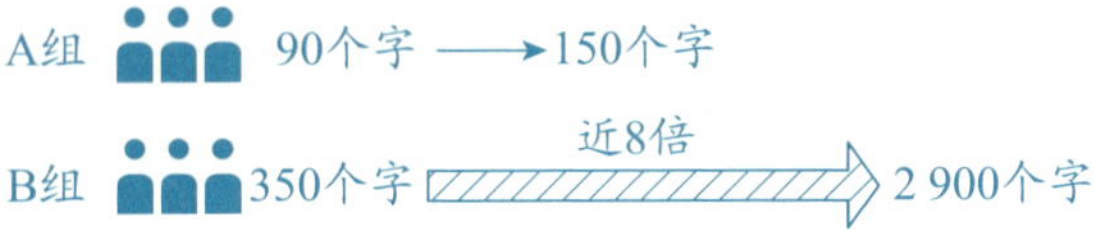

图 5-3

从这项研究中可以看出，不管怎么努力做原本就不擅长的事情，也无法将它变成自己了不起的长处。把自己原本擅长的事情高效率地发挥出来是很重要的。

花时间去克服不擅长的事情，是不是反而失去了自信？

管理学大师彼得·德鲁克说："唯有长处才能产生成果。而抓住弱点，只会造成令人头痛的问题。纵然没有弱点，也不能产生什么成果。必须把精力放在发挥长处上。"

不要浪费时间来克服你天生拥有的尖锐星角周围凹进去的部分，那只会让你变成没有个性的圆形。应该花时间让原本就尖锐的星角变得更尖锐。那个星角就是你的本色，也是使你在工作中可以取得成果的长处（见图 5-4）。

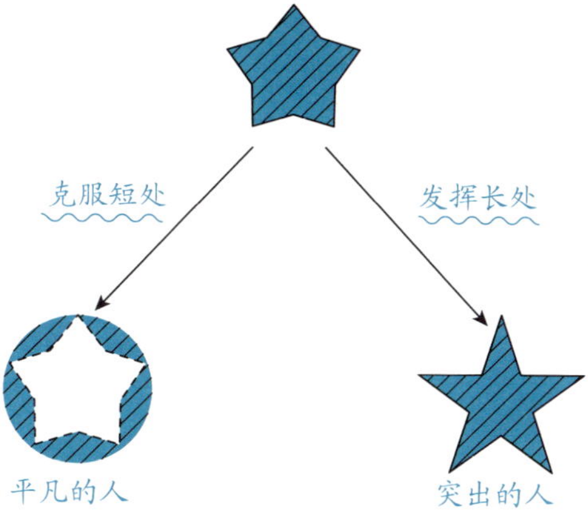

图 5-4

在学校的考试中，1 门课满分 100 分，所有科目都会用总分进行评价。但是工作远远不同，工作没有分数的上限。如果一个人在某项工作上有突出长处的话（得 1 000 分甚至 10 000 分），“晕轮效应”就会起作用。

晕轮效应是指想象“一个人如果某一点特别优秀，那其他方面也一定很棒”。比如，看到五官端正的人，会不会觉得他工作能力也不错呢？这就是晕轮效应。因此，即使你有缺点，如果你有一个突出的优点，周围的人也会认为你是优秀的人。即使你有做不到的事情，外界也不会对你的形象减分。

比起克服短处，发挥长处更能令工作充实。

你还在选择克服自己的短处，变成没有个性的人吗？还是打算从今天开始发挥自己的长处，成为无可替代的人呢？

POINT

克服短处，得到的是“普通的成果和无聊的工作”。

发挥长处，得到的是“惊人的成果和充实的工作”。

回答 5 个问题，找出自己“擅长的事”

那么，接下来我们就来找出你独有的“擅长的事”，以及能有效利用“擅长的事”的长处吧。我们的目标是：

- 找到 10 个长处

通过回答以下问题，找到在自我提升类的图书中没有的，只属于你的长处吧。

- 问题 1：在迄今为止的人生中，你觉得充实的体验是什么？

在寻找“擅长的事”时，经常有人建议你：“回想一下之前成功的经历吧！”确实，在寻找“擅长的事”的时候回想成功经历是非常有效的。但是，被问到这个问题时，很多人都会觉得“说是成功的经历,但其实也没什么……”，实际上，即使我对客户说“请告诉我你以前成功的经历”，也很少有人能马上回答出来，所以我总是问：“你有过感到充实的体验吗？”

所谓充实的体验是指自己感到开心的时刻或者感到开心的经历。为什么通过回忆开心的经历，就可以知道自己“擅长的事”呢？

因为做“擅长的事”的时候会非常轻松且开心，甚至说越做越精神，充满活力。比如，有的人“去人多的酒会就会变得有活力”，也有人“在房间里一个人看书会变得有精神”。

相反，做不擅长的事情时需要有意识地去努力，所以很累。另外,如果有“去人多的酒会会很累的人”,也会有“一个人在房间看书会变得郁闷的人”。

区分“擅长的事”和“不擅长的事”的方法很简单。做的时候感到充实的是“擅长的事”,相反,感到疲劳的就是“不擅长的事”。

先从“自己什么时候会感到快乐”开始牢牢捉住“擅长的事”吧，下一步才是考虑在工作中怎样将其作为长处发挥出来。

请试着发现让自己感到充实的体验吧。

- 问题 2：最近让你感到烦躁或是心慌的是什么事？

最近让你生气的事情是什么？实际上，通过回忆那些令人生气的事情，你可以发现自己“擅长的事”。对别人的行为感到不舒服、心烦意乱，是因为你自然而然能做到的事情对方却做不到。“为什么连这样的事情都做不到呢？”，有这种感觉的时候，人就会很烦躁。所以在感到烦躁的时候，也是发现自己平时理所当然在做的“擅长的事”的机会。

把对别人感到烦躁但自己理所当然的事作为工作会让人感到轻松，也会产出成果。

比如，我有位朋友很会说话，总能成为酒会等场合的焦点。

有一次这位朋友对我说：“明明没有把控全场的能力，却总是说些无聊话题的人让我很恼火。”我完全没有这样的感受，因而感到非常吃惊，所以记得很清楚。因为他总是理所当然地说着有趣的话来活跃气氛，所以才会对别人做不好这件事感到恼火吧。

这位朋友总是擅长用有趣的对话来让人开心。如果是自然而然可以做到的事，最好也将其用在工作中，或者说如果不用就会感到很痛苦。

还有人说："无法容忍不能理解别人心情的人。"他肯定能很自然地理解别人的心情吧。

你在什么情况下会感到焦虑、生气和烦躁呢？那时你发现自己有什么无意识中会做的事情呢？如果能将其应用到工作中，就像在水流流动的游泳池里坐着救生圈前进一样，工作会变得轻松愉快。

● 问题 3：问身边亲近的人："你认为我的长处是什么？"

如果身边只有一个人回答这个问题，你也很难发现自己"擅长的事"。

因为正如前面所说，很多"擅长的事"对自己来说都是理所当然的，所以很难注意到。很多时候，周围的人都能看明白，但只有你自己从没注意过。

一项以 300 对情侣为对象进行的调查研究发现，比起自己判断自己的性格，伴侣判断的结果更准确。

例如，我通过询问朋友，才意识到自己没注意过的事情。

朋友：“你的热情度好高啊。因为你真的很喜欢与自我认知有关的东西，也一直在学习，所以容易带动周围的人。”

八木：“在周围的人看来，我的热情度这么高吗！因为对我来说这是很普通的事，所以没有注意到。”

朋友：“真的非常高。”

虽然感觉到即使不怎么努力，自己的项目也能很好地推广出去，但这似乎是因为我散发出的热情无意中让人们聚集在一起。

我的长处是虽然无意识地做着某件事，但能专注其中并能带动周围的人。

注意到自己“热情高涨，能带动周围的人”这一优点后，我向参加自我认知项目的成员公开了这一工作有关的详细数据，并讲解了自己在工作中采取了怎样的策略。因为我想把对传播自我认知的热情也传递给参加项目的客户。

这样一来，我就可以将客户带入我热情的旋涡之中，客户也会产生认真了解自我的动力，会想“去寻找可以投入其中的‘想做的事’吧！”。

虽然很少有人会把工作的数据向客户公开，但这是我发挥长处的方法之一。

我也会让客户去向关系好的人询问他们自己的长处。试着询问后大家都会发现平常因为太过理所当然而没有注意到的自己的长处，并感慨“原来是这样啊”！所以请一定要询问一下自己的朋友和家人。

● 问题 4：如果明天就要辞职，之前的工作中有没有你留恋的部分呢？如果你现在没有工作，请思考之前工作中的细节。

思考的时候不要将工作作为一个整体，而要将其看作多项工作的组合。做的工作令人全然开心或者全然痛苦是不可能的。无论多么令人开心的工作，也会有令人讨厌的地方，反之亦然。

“如果明天就要辞职，之前的工作中有没有你留恋的部分呢？”

那部分就是你“擅长的事”，是你做的时候会感到充实的工作。

例如，我的客户 K 先生虽然讨厌工作中与事务性有关的工作，但他说：“我非常喜欢听客户说话，所以不想放弃这个工作。”如果将听客户说话作为主要工作，K 先生一定能大显身手吧。

在你现在觉得讨厌的工作中，也应该有能让你感到开心的部分。那里隐藏着你擅长的事。

• 问题 5：你至今为止取得过什么样的成果，你是如何做到的呢?

其实这个问题是最重要的。为了找到在工作中能发挥的“长处”，你需要回顾之前取得的成果。

虽说是取得成果的成功经历，但不一定非得是能挺起胸膛向别人炫耀的那种。在思考成功经历是什么的时候，立刻浮现在脑海中的那个就是答案。因为立刻浮现在脑海里的经历是记忆深刻的，也是当时感受到强烈情感的经历。

你擅长的事和情感联结在一起，因为发挥长处的时候会感到充实和喜悦，暴露缺点的时候会感到空虚和不安。因此，如果深入挖掘当下突然浮现在脑海中的经历，其中一定隐藏着你的长处。

如何深入挖掘成功经历，请从以下 8 个角度去剖析（见表 5–1）。

表 5-1

1. 在感到充实之前做了哪些事?	2. 当时所处的环境有什么特点?	3. 具体采取了怎样的行动?
8. 当时觉得如果这样做会更好的事是什么?	有过的成功经历或充实的体验是什么?	4. 经过怎样的思考采取了上面所回答的行动?
7. 是什么时候失去了那种充实感? 怎样才能保持呢?	6. 当时的动力是什么?	5. 当时意识到了什么?

将擅长的事作为长处使用的方法是什么？

1. 在感到充实之前做了哪些事？
2. 当时所处的环境有什么特点？
3. 具体采取了怎样的行动？
4. 经过怎样的思考采取了上面所回答的行动？
5. 当时意识到了什么？
6. 当时的动力是什么？
7. 是什么时候失去了那种充实感？怎样才能保持呢？
8. 当时觉得如果这样做会更好的事是什么？

从这 8 个角度深入挖掘你的成功经历，可以不断发现你的长处。

从这 8 个角度进行思考后，总结从中发现的自己的“长处”。

虽然深入挖掘一个成功经历需要半个多小时，但是通过花费这些时间，你能找到在今后的人生中使用的原创成功法则。

我以高中三年备考学习的经历为例供大家参考（见表 5-2）。

表 5-2

1. 在感到充实之前做了哪些事？	**2. 当时所处的环境有什么特点？**	**3. 具体采取了怎样的行动？**
• 查阅参考书和学习方法，寻找最适合自己的东西 • 放弃了高中校际运动会比赛，集中精力学习，准备考试	• 能最大限度地得到父母的支持，不用考虑考试以外的事情 • 参考书之类的书无论多少都可以买 • 有以同一所大学为目标的好朋友 • 有值得尊敬的老师	• 我会听信任的老师说的话 • 针对对方不擅长的科目，和好朋友一起互出考题 • 特别重视解答模拟考试中的问题 • 去上学的路上也一直在听英语单词的音频 • 通过自己选择的科目备考大学 • 模拟考试时用前 10% 的时间就答完了所有题目
8. 当时觉得如果这样做会更好的事是什么？	**有过的成功经历或充实的体验是什么？**	**4. 经过怎样的思考采取了上面所回答的行动？**
• 以更好的大学为目标就好了。进入大学后，有些非东大生的自卑感	高中三年的备考学习	• 不会听我不尊敬的人说的话。想挑战更有效的学习方法 • 单纯的快乐。即使是不擅长的科目，如果和朋友一起学习的话会很开心 • 不是为了自我满足，而是想学出成果 • 当时的心情是要利用所有的时间做所有能做的事情。记住一本书的单词让我觉得很快乐 • 中途更改了文理科目，挑了所选科目最难考的学校 • 如果正式考试中考不好就没有意义，所以在比正式考试更严格的条件下进行了练习

（续）

7. 是什么时候失去了那种充实感？怎样才能保持呢？	6. 当时的动力是什么？	5. 当时意识到了什么？
● 考试结束的同时就失去了充实感。因为我的目的是上大学，所以在那之后就没有了目标。在备考学习之前就应该问自己“今后想做什么呢？”，然后选择与目的关联的大学就好了。大学4年没有什么充实感，所以目标和目的不匹配还是不太好	● 随着成绩上升产生的“成就感” ● 比周围的人取得更好的成果，从而产生的“优越感” ● 沉迷其中就感到快乐的“投入感” ● 在父母的夸奖下产生的“自我肯定感” ● 渐渐理解更多事情的“成长感” ● 记住整本单词本的“完美感”	● 总之，把全部精力投入备考学习 ● 尽量减少对备考学习以外的事情投入精力 ● 使用能取得成果的学习方法 ● 无视老师说的话

⇩

将擅长的事作为长处使用的方法是什么？	
1. 找到值得尊敬的人，并模仿他	6. 在碎片时间里调动耳朵输入知识
2. 多进行实操而不是练习	7. 剔除对现在的目标来说不需要的东西
3. 结交有共同目标的朋友	8. 使自己的成长可视化
4. 树立明确的目标，不论成功还是失败	9. 不要局限于眼前，善于描绘更远大的理想
5. 花时间制定令人认可的战略	

仅是回想一个成功的经历，就可以找到把 9 件擅长的事变成长处使用的方法。

在现在的工作中灵活发挥这些长处，或是用在就职和跳槽中容易发挥作用的地方，你就可以进入与当年成功时同样的状态。那样的话，你在当下的情境中就容易做出成果了。

归纳自己的长处，写一份《自己的使用说明书》

可以总结在前面回答 5 个问题过程中发现的自己的“长处”，归纳出来那便是你的使用说明书。

“想做的事”要与这些“长处”有关。否则不论是多么“喜欢的事”，都不是你“想做的事”。我喜欢自我认知，但是我不擅长和意志消沉的人交往。所以，我不是要鼓励意志消沉的人，而是要支持想发挥自己更多可能性的人。

为了与“想做的事”匹配，先要把你至今为止知道的自己的长处全部归纳出来。

最少写出 10 个，如果能写出 20 个就更好了。将擅长的事作为长处使用的方法越多，就越能在任何情况下都发挥出自己的能力。而且，要有“用这个长处可以达成任何目标”的自信。如果数量不够，请试着更深层地发掘“问题 5”的成功经历，或者回答问题清单中列好的追加问题。

例如，我列出了下面这些行为的胜利模式（见表 5-3）。

表 5-3　总结将擅长的事作为长处使用的方法（10 个以上）

1	找到值得尊敬的人，并模仿他
2	多进行实操而不是练习
3	花时间制定令人认可的战略
4	使成果可视化
5	树立明确的目标，不论成功还是失败
6	不要局限于眼前，善于描绘更远大的理想
7	不满足于现状
8	善于发现自己和他人的长处并灵活利用
9	开拓新事业
10	不断学习新事物
11	计划做让人开心的事情
12	在热爱的事情上倾注时间，不遗余力
13	剔除对现在的目标来说不需要的东西

（续）

14	善于将信息整理成体系并进行阐释
15	善于用语言帮助别人
16	极具表现力
17	富有创意
18	和值得尊敬的朋友构筑信赖关系
19	传授自己的成功经验，展示自己的生活方式并感染别人
20	做可以传授给大多数人的工作

写好自己长处后，用“◎○△”分成 3 个等级进行评价。

◎有充实感，与成功有关

○有充实感

△目前还不确定

在第七章中，将“喜欢的事”和“擅长的事”结合起来，就能得出“想做的事”。

结合的时候以标注“◎”的长处为主。如果不能发挥令你感到充实、与成果挂钩的长处，那就不是“想做的事”了（见表 5-4）。

表 5-4　总结将擅长的事作为长处使用的方法（10 个以上）

◎	1	找到值得尊敬的人，并模仿他
◎	2	多进行实操而不是练习
○	3	花时间制定令人认可的战略
◎	4	使成果可视化
◎	5	树立明确的目标，不论成功还是失败
○	6	不要局限于眼前，善于描绘更远大的理想
◎	7	不满足于现状
◎	8	善于发现自己和他人的长处并灵活利用
◎	9	开拓新事业
◎	10	不断学习新事物
○	11	计划做让人开心的事情
○	12	在热爱的事情上倾注时间，不遗余力
◎	13	剔除对现在的目标来说不需要的东西
◎	14	善于将信息整理成体系并进行阐释
◎	15	善于用语言帮助别人

（续）

○	16	极具表现力
◎	17	富有创意
○	18	和值得尊敬的朋友构筑信赖关系
◎	19	传授自己的成功经验，展示自己的生活方式并感染别人
◎	20	做可以传授给大多数人的工作

找出自己的长处后，你已经为寻找“喜欢的事”做好了准备。

我们将在下一章一起寻找三个要素中的最后一个——“喜欢的事”。

6

第六章

找到“喜欢的事”，和努力说再见

何为“喜欢的事”

在寻找“喜欢的事”之前，先说明一下什么是“喜欢的事”吧。本书中所说的“喜欢的事”是指“感兴趣、有好奇心的领域”。

喜欢的事 = 感兴趣、有好奇心的领域

例如，喜欢自我认知的人会想：怎么做才能更了解自己呢？喜欢编程的人会在意：为什么这个系统不能运行呢？喜欢拉面的人会忍不住想：好吃的拉面和难吃的拉面有什么区别呢？

人在面对自己喜欢的领域的事情时，无法对其中产生的疑问置之不理，而是想把不明白的事情弄明白。想填补这种差距的心情就是“喜欢”（兴趣）。

如果有喜欢的异性，自然会对他（她）产生兴趣，会感到“想更了解他（她）!”“想和他（她）变得更亲近!”，这也是“喜欢”。

对“喜欢的事”自然会产生兴趣，这是工作的动力。也就是说，如果你对某些事产生了下面所描述的感觉，那它们就是你“喜欢的事”

- 为什么
- 怎么会这样
- 怎么办

达·芬奇说：“明明没有食欲却还要吃东西会损害健康，同样地，没有学习欲望还去学习会损伤记忆。”和产生食欲一样，如果能找到让自己不由自主产生“我想知道!”的欲望的领域，就不会为工作动力而困扰了。我们一起去寻找这个领域吧。

POINT

喜欢的事 = 感兴趣、有好奇心的领域

“为钱工作的人”比不过“为爱好工作的人”

我以前曾向别人传授过“如何利用信息传播获得成功”。虽然当时赚到了一些钱，但我还是觉得很烦闷，问自己“就这样下去可以吗？”。产生这种情绪的原因是对“信息传播”没有纯粹的兴趣，感觉“是因为工作需要才去学的”。

把自己所学的东西传授给别人，进而得到别人感谢这件事让我觉得很开心，但在学习的时候我却想：为什么要学这样的东西呢？

我现在将纯粹感兴趣的“自我认知”作为工作，因此我在学习的过程中完全没有努力的感觉。倒不如说，我时刻确保自己能有时间好好研究它，想对它探究到底。

从这个经历中，我深切感受到“为钱工作的人比不过为爱好工作的人”。是的，这是因为动力的强弱完全不同。你也有过这样的体验吧，当周围的人中有非常喜欢自己工作的人时，你看到他的时候会想：这个领域里竟然有这样满腔热忱的人，我绝对比不过他。

如果把“喜欢的事”作为自己的工作，不用努力就会自然地沉迷其中，直接连通自己的动力源泉，“总觉得没有干劲的日子”不见了。人生不是100米冲刺，而是马拉松长跑。我听一位20多岁的客户说：“一想到还要继续做这个工作50多年就不寒而栗，我觉得必须要改变工作模式了，于是开始了解自己。”

我深有同感，工作是人生的主要支柱，如果是无法说出“我真的很喜欢这个工作！”的生活，那我根本不想过。人生漫长，也是如此。

暂时的“努力”对100米冲刺是有效的，但是，在马拉松比赛中需要一直热衷于自己“喜欢的事”。我认为在短期比赛中采取“努力”的策略是有效的，但是在长期比赛中“努力”无法战胜“热爱”。你是否也拥有了“热爱”这一最强的动力，找到了可以坚持下去的工作模式呢？

POINT

× 因为想获得成功，所以去做可以赚钱的工作。

√ 因为想获得成功，所以去做自己喜欢的事。

“因为喜欢棒球，所以选择从事与棒球相关的工作”，这种想法是错误的

虽然有人说“把喜欢的事作为工作比较好”，但事实上也有人说“不能把喜欢的事作为工作”。

这是为什么呢？

实际上，“把喜欢的事作为工作”是有失败案例的。与“因为喜欢棒球，所以选择从事与棒球相关的工作”这一案例类似，选择了与“喜欢的事”直接相关的工作，在“喜欢的事”所在的领域里选择了工作而不考虑这项工作具体需要做什么，最后基本都会失败。

例如，一个人从学生时代开始就喜欢棒球的话会怎么样呢？他原本想成为棒球选手，但因为觉得很困难，所以决定找与棒球有关的工作。在求职时经过一番努力，他成了棒球用具制造商的销售员，想着终于从事了与最喜欢的棒球有关的工作，真是太好了！原本以为会如此，但不知为何他内心并不满足。

理由很简单，虽然喜欢打棒球，但不喜欢销售棒球用具。

所以只关注“喜欢的事”所在领域而不考虑具体工作

的话，就会陷入这种失败模式。

重要的是在考虑那个领域时结合自己“擅长的事”，即自己做什么事情的时候最开心。

即使都“喜欢棒球”，但具体“喜欢棒球的哪些方面”因人而异。

例如，如果是“喜欢团队合作”，在考虑想从事的工作时可以从“团队合作”的角度出发，这点很重要。

如果是“喜欢通过孜孜不倦的努力提高技能”，那么找工作时最好要考虑“这份工作有没有磨炼技术的乐趣呢？”。另外，如果是“喜欢思考策略”，那就“不是单纯地操作，而是要用头脑思考”，找工作时要以此为衡量标准。

如果工作恰好与棒球相关，那当然是件很棒的事情。但是在棒球以外，也有很多能感受到同样乐趣的工作。

从“喜欢棒球”这件事中，试着思考一下“喜欢棒球的哪些方面”（见图 6–1）。

- 喜欢团队合作→与团队合作有关的工作
- 喜欢通过孜孜不倦的努力提高技能→能磨炼技术的工作
- 喜欢思考策略→使用头脑的工作

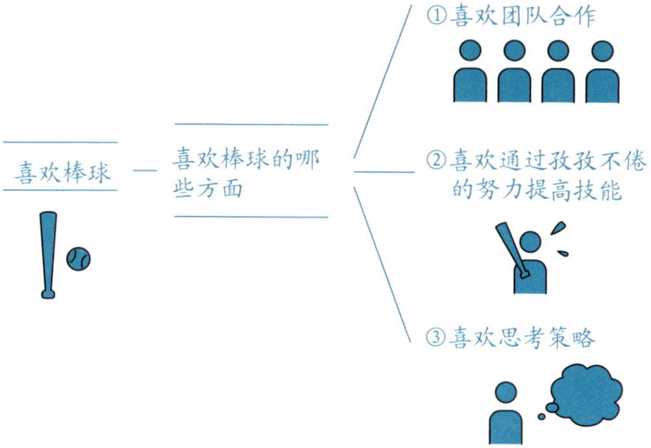

图 6-1

最终得出的答案与你“擅长的事”有关。把“喜欢的事”作为工作时，不仅要考虑领域，而且要考虑“哪些方面让你觉得快乐”。

POINT 将喜欢的事作为工作时，要一并考虑“喜欢它的哪些方面”。

“可以作为工作的爱好”和“不能作为工作的爱好”之间的区别

事实上，有可以作为工作的爱好和不能作为工作的爱好。区分起来很简单："因为有用所以喜欢的事"不能作为工作，"因为兴趣所以喜欢的事"可以作为工作。

"因为有用所以喜欢的事"，是为了得到"结果"才做的事。

"因为兴趣所以喜欢的事"，是做的瞬间感到很开心才做的事。

但是，很多人重视"因为有用所以喜欢的事"，舍弃"因为兴趣所以喜欢的事"。你是不是也因为后者"没用"而舍弃了"因为兴趣所以喜欢的事"呢？

"没用"这个词是阻挡一个人寻找爱好的最大恶魔。如果过于强调"是否有用"，就无法找到喜欢的事。

当然，合理高效的生活是极好的，我并不是说要去做无用的事情。但是，很多人会进入一个陷阱，那就是被所谓的合理性夺走了人生。

我解释一下这是怎么回事。

全部行动都以"这个有用吗？"为标准筛选，人就会备受阻力，最终会丢失"做喜欢的事且幸福地生活"这一初心，觉得只能做"有用的事"（合理的事）。这就是合理性陷阱。

- 只做有用的事
- 只做能向别人展示的事
- 只做能赚钱的事
- 只做能产出成果的事

我觉得处于这种状态的人比较多，他们自然无法知道自己喜欢的事是什么。

舍弃“是否有用”的选择标准，先找到自己纯粹喜欢的事，之后才是考虑怎样将喜欢的事变成自己的工作。这一点我将在第八章中进行说明。

那么，让我们一起寻找“喜欢的事”吧！

POINT

× 把因为有用所以喜欢的事作为工作。

√ 把因为兴趣所以喜欢的事作为工作。

回答 5 个问题，找出自己“喜欢的事”

• 问题 1：你现在有即使花钱也想学习的事情吗?

你现在即使花钱也想学习的是什么？

比如我前几天参加了“自我认知强化项目”。虽然两天要花费 10 万日元，并不便宜，但是我学到了新的知识，非常受教。因为是和自己专业领域相关的内容，自然是我工作的一部分。但是对我来说即使不是工作，我也会去参加这个项目，像参加“游戏”一样。

像这样把“喜欢的事”作为工作，会进入一种循环：出于喜欢而学习的东西不仅有助于工作，而且能赚钱。

你现在即使花钱也想学习的事情是什么？或者说即使花钱也想体验的事情是什么？

想学习的事情就是你感兴趣的事情。因此，如果把那个领域的事情作为工作的话，工作就会变成因为自己喜欢而做的“游戏”。试着写出你现在想学习、想体验的事情吧。

● 问题 2：在你的书架上摆放着什么类型的书？

请看看自己的书架，那里摆放着什么类型的书呢？其中有看一眼就让你感到激动的书吗？

通过观察迄今为止花时间读过的书，你就可以知道自己对什么事情感兴趣。

如果现在家里没什么书的话，请一定要去书店看看，尽可能去大书店，书店里摆放着各种各样的书。

我的客户说："我一开始不相信，去了书店后真的发现了我喜欢的事！"书店就是有如此强大的力量。

去书店转一圈吧。不要马上断定"对这个架子上的书没兴趣"，先试着转一圈。然后观察一下自己在摆放什么类型的书的书架前停留。

这时的重点不是关注"因为有用所以在意"的书，而是注意"不知为何很在意"的书。

"因为有用所以在意"的书是依据理性选择的书，出于"与工作业绩相关"等理由选择的书，与其说喜欢，不如说更接近"需要"。要把"因为有用所以在意"的书和"不知为何很在意"的书从根本上区分开来。

"不知为何很在意"的书是凭直觉发现的书，这才是真正的"喜欢"。请选择这一类书——"虽然不知道为什么，但是我对这个领域有兴趣"。

你在意的是什么领域的书呢？

你在意的书所在的领域，很有可能就是你今后会从事的工作领域。

• 问题3：有没有遇到过让你产生"真是太好了！""它拯救了我！"这种感觉的领域或者事物？

有的人即使回答不出“你喜欢的事是什么？”，也能回答出“至今为止被什么事情拯救过？”这个问题。在目前为止的人生中，有没有让你产生“能遇到它真是太好了！”这种感觉的领域或事物？

在感到“被拯救”的体验中，很多人会对拯救的主体产生兴趣，并将它作为自己喜欢的事和工作。

我具体解释一下这是怎么回事。例如，我喜欢“自我认知”。为什么这么说呢，因为我以前曾被“性格”这一概念拯救过。

我从小就崇拜典型的领导型哥哥，曾经想：要成为哥哥那样在人群中活跃气氛的人。受此影响，我在中学和大学阶段一直模仿哥哥。大学期间，为了改变和初次见面的人无法很好地对话这一缺点，我把100次搭便车旅行作为我的修行。但是不擅长应对初次见面的人的状态并没有好转，反而觉得“自己不行”而更加厌恶自己。

那个时候我才知道“人的性格原本就因为大脑的不同而分为内向型和外向型”。

我尝试做了诊断测试，发现自己是在人际交往中容易消耗能量的内向型人。在那一刻我感觉自己被拯救了……

一直以来我都在否定自己的性格，但是我记得自己意识到性格无法改变的时候，肩上的负担突然卸了下来。“性格”这一概念真的拯救了我，如果到现在还不了解“性格”的概念，我会继续为同样的事情而痛苦。

从这个经历中，我由衷地感到如果能有更多的人了解“性格”的概念就好了。

在被拯救后，我一直保持着要向很多人分享这一经历的“热情”。

我有位朋友在经济困难时期，通过使用信用卡的积分渡过难关，从此被信用卡的魅力征服，后来从事了整理发布信用卡信息的工作。

你能与这个领域相遇，是因为有人在推广它。

在感到自己被拯救的事情中蕴含着非常强烈的能量，下次试着让更多的人了解拯救自己的事物吧！

回想自己曾被拯救过的领域，就能找到你喜欢的事。

● 问题 4：在迄今为止的生活中，你“想道谢的工作”是什么？

在迄今为止的生活中，你“想道谢的工作”是什么？也可以从有没有“想道谢的人”这一视角来考虑。

对我来说，我想向迄今为止在遇到挫折时照顾过我的“老师”道谢。首先，是前面介绍过的我小学 2 年级时的班主任，她总是戴着叮当作响的首饰，她教会我独立思考的重要性。其次，是我在高中跟不上英语课时，报的补习班的老师，他从初中 1 年级的基础知识开始认真教我，并且激发了我学习英语的兴趣。最后，是精神科的泉谷闲示医生，他教给我的思考的方法，也是自我认知法的原型。

接下来，我想成为像之前照顾过我的“老师那样的存在”,去引导别人的人生。这么说来,我喜欢的领域就是“教育”领域了。

我现在也在做与教育相关的工作，强烈感觉到自己想从事将实践中得出的经验传授给别人的工作。那么,你“想道谢的工作”是什么呢?

● 问题 5：迄今为止你会对社会中的什么事情感到愤怒?

所谓愤怒,就是对现状的不满。“再做得更好一些吧！”,因为对现状感到不满，所以会心生愤怒。能不能为了让你感到愤怒的领域变得更好而工作呢？

客户 S 先生说他身边的人被性格恶劣、散播负能量的人夺走了幸福，他为此感到愤怒。也就是说，S 先生对人际关系很执着，也很感兴趣，因此他现在从事的工作是教别人改善人际关系的技巧。

正如“喜欢的事”的定义，一个人对“怎样做才能改善人际关系？”很有兴趣，自然而然就会去学习，获得更多的成长。你会对社会中的什么事情感到愤怒？

在你会感到愤怒的那个领域工作，自然就会产生动力，所以我非常推荐你回答这个问题。

通过回答 5 个问题，你找到喜欢的事了吗？如果想回答更多的问题，可以看看书末的问题清单，试着探索自己更喜欢的事情。

7

第七章

找到“真正想做的事”，活出真实的自己

现在马上放弃“为了将来工作”的想法

终于要在这一章中将前面收集的答案组合起来，找到你“真正想做的事”了。

即便读到这里，可能还会有读者想：总感觉这次也找不到“想做的事”。先学点对将来有用的技能吧。

我想对他们说："什么时候才能不活在对未来的幻想中呢？"

前几天有人说："如果还不知道'想做的事'是什么，为了将来打算，还是先学习一下编程比较好。今后社会对编程人才的需求会增加，收入也能有保障，非常推荐。"

我觉得这种想法很危险。这和在学校教育中反复听到的"为了将来，抓紧学习吧"完全一样。为了进入好大学而学习，为了进入好公司而找工作，接下来就该学习对将来有用的技能了吗？

你对现在的工作满意吗？

正是因为不满意，所以才拿起这本书吧。既然如此，什么时候才能不要再为了将来而活呢？

我自己上大学也是因为抱有"将来或许有用就上吧"的想法。但是由于没有明确想学习的东西，大学生活过得一点儿也不充实。

至今你之所以还在迷茫着，不知道自己"想做的事"是什么，正是因为你一直没有了解真正的自己。

因为你一直抱有"先学一些实用的东西，再开始找想做的事就好了"这样的想法。

彻底改变这种思维模式吧。不要再把希望寄托于对未来的幻想。不是为了将来，而是为了寻找现在最想做的事而努力。

不再为了将来而活，而是认真对待现在最想做的事，你会不断成长。

当你找到更多“想做的事”的时候，也可以继续挑战，因为你已经得到成长了。

因此，你现在需要做的就是：找到你目前最想做的事。

POINT

找到“想做的事”，不要拖延。

为什么说“想做的事”即使是“假设”也没关系

一旦找到了现在最想做的事，人生从此将焕然一新。

最初只是假设的也没关系。一边做，一边朝着更准确的“真正想做的事”靠拢吧。但这和“为了寻找想做的事，姑且先行动起来”而盲目地采取各种行动的做法完全不同。

在完全没有假设的情况下贸然行动，找到“想做的事”的可能性微乎其微。这纯粹是赌博，和妄想通过买彩票变成富翁没什么两样。

我曾经与一位频繁更换工作的人聊天，他总是心血来潮地跳槽，已经换过10多家公司了。聊天之后我发现他竟然非常不了解自己。他每次换工作的原因仅仅是感觉不喜欢这份工作，或者就是单纯想跳槽。那样的话，不管跳槽多少次，他都无法找到自己真正想做的事。

之所以陷入这种状态，是因为他一直以来都忽视了回顾自己的过去、了解自己。

重要的是设立假设，行动，回顾，然后活用。

说实话，刚开始传播自我认知法的理念时，我觉得“没什么意思”，我很疑惑：“明明做的是喜欢的事，为什么却觉得没意思呢？”

仔细一想就明白了，因为“虽然是喜欢的事，但是不能用擅长的方法来做”。我非常喜欢“自我认知”这个领域，但是刚开始做自我认知相关工作的时候，“听客户说话”的工作方式不是我“擅长的事”。

最初的工作方式是在咖啡馆里和客户一对一地交谈，

我需要一边听对方说话一边引出话题，进而从对话中提取对方“想做的事”。

一边点头附和，一边听对方说话是我很不擅长的事。比起“听”，“说和写”是我绝对“擅长的事”。认识到这一点之后，我在坚持“自我认知”这一领域不变的情况下，改变了工作方式。

也就是说，在固定“喜欢的事”的基础上，将工作方式修正为自己“擅长的事”。

具体来说，我采用了不需要听别人讲话的研讨会形式。在 30 ～ 50 人面前讲解自我认知法的理论，让参与者互相对话。这样一来，我就不需要深入倾听客户讲话了。

在举办研讨会的过程中，一开始我感觉很开心，但慢慢地又变得痛苦起来。原因是“每次研讨会上都要说同样的话”。

我非常不擅长做重复的事。就是因为这个原因，我在便利店打工时被解雇了。保持研讨会的形式不变，为了让自己有新鲜感并乐在其中，我试着每次都说一些新的东西。但是研讨会每周都举办，这样一来，我每周都要考虑新内容和制作新幻灯片，因此很难持续下去。

意识到这一点后，我在坚持“自我认知”这一领域不变的情况下，再次改变了工作方式。因为我不擅长重复说同样的话，所以制作了一个可供反复观看的视频课程，而我只要对着摄像机说一次就可以了。

现在我采取的做法是让学员观看构建自我认知体系的视频课程，我再通过发信息的形式对他们感到困惑的地方进行解答（见图 7–1）。

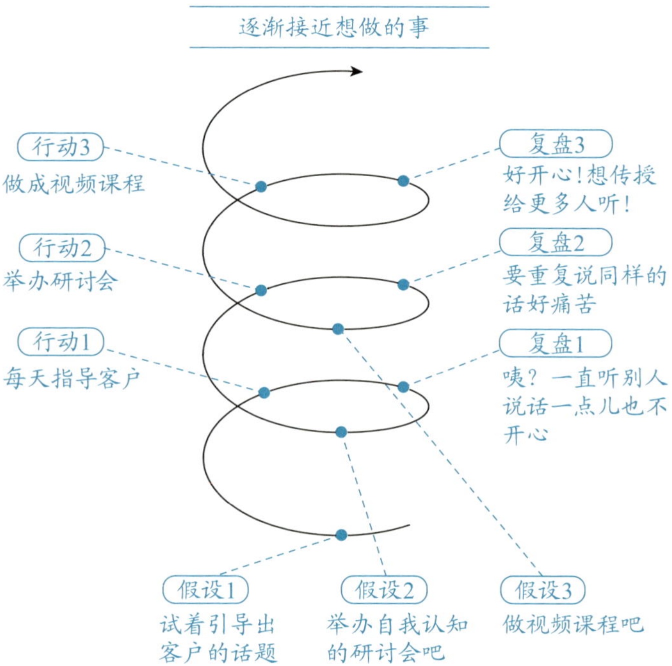

图 7–1

这样我就完全避开了“听别人说话”“重复说同样的话”等自己不擅长的事。

以“喜欢”为出发点，尝试许多不擅长的方法，通过反复试错，不断修正，最终就能找到将“喜欢的事”和“擅长的事”完美契合的“想做的事”。

“想做的事”就是“喜欢的事”和“擅长的事”的结合体。但这两者几乎不可能一下子就完全匹配，需要在实践中反复试错，不断修正。

因此，我希望你能明白的是，今后你找到的“想做的事”最初可能不过是个假设而已。

如果你在实践中感到别扭，请稍微停一停，修正一下看看。反复这样做，你就能接近“真正想做的事”。另外，判断工作方式的优劣时，可以从三个角度来考虑，分别是“是否偏离价值观”“是否偏离擅长的事”及“是否偏离喜欢的事”，这样马上就明白了。

POINT

在实践中不断修正，逐渐接近“真正想做的事”。

接下来，本书将教你如何用两个步骤判断“真正想做的事”。先设立一个“假设想做的事”作为你“真正想做的事”的原型吧。这一步其实很简单。因为如果你已经读到这里，那组成你“真正想做的事”的碎片已经准备好了。你只需要把这些碎片好好组合在一起，拼成一个整体就可以了。

步骤一：用喜欢的事 × 擅长的事的方法，先假设一个自己想做的事

首先，列出目前为止已发现的你“喜欢的事”和“擅长的事”吧。请在可以与“喜欢的事”匹配的擅长的事前标记上“◎”，并将其作为重点。

其他擅长的事作为辅助，可以在推进“想做的事”的过程中加以利用。

然后将它们自由组合，创造出“想做的事”吧。在这个阶段量比质更重要，因为下一阶段会做精简，进一步缩小范围。你觉得好像很有趣的事情，也把它们写出来吧。说到这里，可能你还是不知道怎么做，那么我就以自己为例来说明一下。

例如，我“喜欢的事”有：

- 自我认知

- 桌游
- 时尚

请参见表 5-4，回顾一下我“擅长的事”。

把前面列出的“喜欢的事”和表 5-4 中所示的 20 项“擅长的事”结合起来，来思考“想做的事”。也就是说，把可能做得到的事写出来，做成假设的“想做的事”一览表。

- 构建自我认知体系并传授给别人的人

喜欢自我认知 × 擅长不断学习新事物，将信息整理成体系并进行阐释，传授给大多数人

- 学习自我认知并教授给别人的人

喜欢自我认知 × 擅长多进行实操而不是练习，用语言帮助别人

- 研究自我认知法的人

喜欢自我认知 × 擅长不断学习新事物，富有创意

- 为实现理想提供支持的战略顾问

喜欢自我认知 × 擅长花时间制定令人认可的战略，发现自己和他人的长处并灵活利用，用语言帮助别人

- 面向拟创业人群的创业顾问

喜欢自我认知 × 擅长花时间制定令人认可的战略，发现自己和他人的长处并灵活利用，用语言帮助别人

- 不断研发教育类桌游的人

喜欢自我认知、桌游 × 擅长开拓新事业，将信息整理成体系并进行阐释，富有创意，不满足于现状

- 教别人如何制作教育类桌游的人

喜欢自我认知、桌游 × 擅长发现自己和他人的长处并灵活运用，树立明确的目标，不论成功还是失败，富有创意

- 玩益智类玩具并做对比介绍的人

喜欢自我认知、桌游 × 擅长将信息整理成体系并进

行阐释，用语言帮助别人

- 桌游解说员

喜欢自我认知、桌游 × 擅长将信息整理成体系并进行阐释，用语言帮助别人

- 教别人找到适合自己风格的服装的时尚顾问

喜欢时尚、自我认知 × 擅长发现自己和他人的长处并灵活运用，富有创意

- 时装设计师

喜欢时尚、自我认知 × 富有创意，不满足于现状

- 桌游专业玩家

喜欢桌游 × 擅长多进行实操而不是练习，树立明确的目标，不论成功还是失败

正如大家所看到的，组合方式是自由的。不要因认为“这样的事做不到”而否定其可能性，试着写出来吧。“喜欢的事”和“擅长的事”无论怎么组合都可以（见图 7-2）。

八木仁平的例子

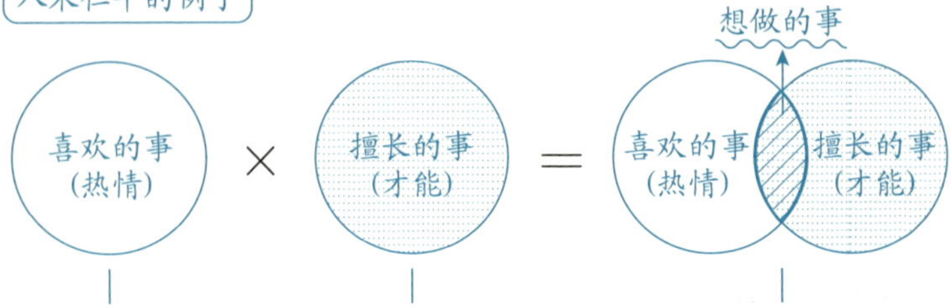

喜欢的事（热情）：

- 自我认知
- 桌游
- 时尚

擅长的事（才能）：

- 不断学习新事物
- 将信息整理成体系并进行阐释
- 做可以传授给大多数人的工作
- 多进行实操而不是练习
- 用语言帮助别人
- 花时间制定令人认可的战略
- 发现自己和他人的长处并灵活利用
- 开拓新事业
- 富有创意
- 不满足于现状
- 树立明确的目标，不论成功还是失败

想做的事：

- 构建自我认知体系并传授给别人的人
- 学习自我认知并教授给别人的人
- 研究自我认知法的人
- 为实现理想提供支持的战略顾问
- 面向拟创业人群的创业顾问
- 不断研发教育类桌游的人
- 教别人如何制作教育类桌游的人
- 玩益智类玩具并做对比介绍的人
- 桌游解说员
- 教别人找到适合自己风格的服装的时尚顾问
- 时装设计师
- 桌游专业玩家

图 7-2

如果不能很好地组合起来也没关系，可以把一时想到的想做的事也放在“想做的事”列表里。在这一阶段，比起质量来说，要优先保证数量，尽情写出“想做的事”吧。

POINT

通过“喜欢的事 × 擅长的事”，假设出自己想做的事。

步骤二：通过“工作目的”筛选出“想做的事”

有些人即使找到了“想做的事”也无法做好工作，他们的共同点是“做想做的事太过拼命，而没有思考工作目的”。

工作中给客户提供价值、得到客户感谢的时候，才能够赚到钱。也就是说“钱 = 感谢”。在我们的日常生活中，因为“住在你家里我感到很安心！谢谢！”，所以支付房租；因为“有了电让生活方便了很多！谢谢！”，所以支付电费；因为“第一次吃这么好吃的饭！太感动了！谢谢！”，所以付饭钱。也就是说，工作换取的是“谢谢”。

你想从别人那里收到怎样的“谢谢”呢?

回答不出这个问题,你的工作就做不好。不能通过“想做的事”获取很好收入的人，都一心只想着做自己想做的事，却从不考虑如何从客户那里收获“谢谢”。

别人不会为你“想做的事”付钱。只有当你做了“想做的事”同时给客户提供了价值时，客户才会为此付钱。

比如你做衣服的话，客户买的可能是“穿上你做的衣服变得有自信的自己”。而我的客户买的不是自我认知的知识，而是“爱上工作的自己”。

所谓“做想做的事”只是从自己的视角出发。但是，工作中还有客户。正因为有客户，所以才能一直不厌其烦地工作。对我来说，学习自我认知当然很开心，但是一想到要“为了解决客户的烦恼而学习”，我的动力就比只为自己学习强大得多。

你之所以工作不顺利，对工作感到厌倦，正因为你只考虑了自己。也就是说，只有当你通过“想做的事”带给相关的人价值时，工作才会顺利，才会变成与人生意义紧密相连的“真正想做的事”。

相关客户对你说什么话，会让你觉得很开心?

就我来说，我工作的目标就是，希望听到客户说："托您的福，我对工作方式的疑惑消失了，我开始爱上工作了！谢谢您！"如前所述，这和每个人的价值观有关。

从众多"想做的事"中选出你"真正想做的事"的过滤器就是"工作目的"。

例如，我前面列举过其他"想做的事"，但是，我的目的是"让更多的人热爱生活"，所以我觉得成为"构建自我认知体系并传授给别人的人"最适合我的角色定位，于是我决定做传授自我认知法的工作（见图 7–2、图 7–3）。

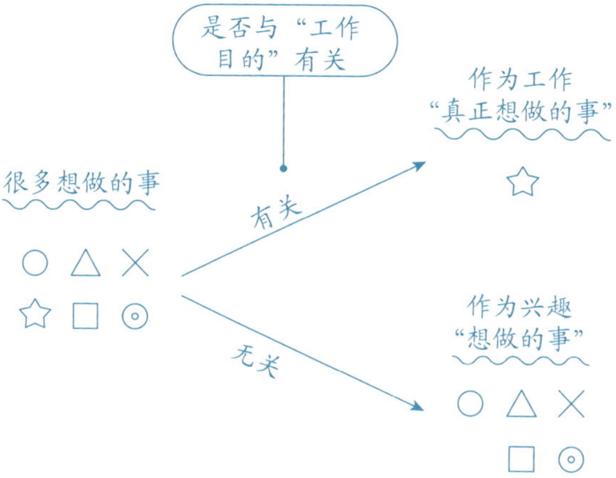

图 7–3

因为人不可能压抑自己的欲望，一味地为他人奉献。所以我们要先尽量满足自己的欲望。当自己得到满足后，自然就会开始关注周围的人。从只思考自己的事情到考虑更多人的事情，这个扩大思考范围的过程就是“成长”。

对我来说，我现在还无法思考世界形势是怎样的。随着不断地成长，我希望将来我的思考能扩大到这样的范围。

首先要满足自己的价值观，之后是满足家人，接下来是满足朋友，再接下来是满足公司，后来是满足业界，再后来是满足日本，最后是满足全世界，思考范围就是像这样展开的。

在你所持有的价值观中，按捺不住想通过工作传递给周围的人、所在地区、日本、全世界的是什么价值观呢？这就是你的“工作目的”。一旦明确了“工作目的”，你“真正想做的事”就会自然而然地被引导出来了。

8

第八章

施展自我认知的魔法，使人生发生翻天覆地的变化

如何找到实现“想做的事”的手段

我之前说过：“不必考虑实现想做的事的手段。”找到了“真正想做的事”后，你只需要填补“实现真正想做的事的自己”和“现在的自己”之间的差距（见图 8-1）。现在开始寻找填补这个差距的方法吧。

事实上，如果找到了“想做的事”，自然就会开始寻找实现它的手段。

你知道“色彩浴效应”吗？所谓的色彩浴效应是一种心理学现象，指如果刻意关注一些事物，那么与之相关的事物就会很自然地映入你的眼帘。比如听到“请找出你周围红色的物体”，你就会看见以前没有注意到的红色物体。

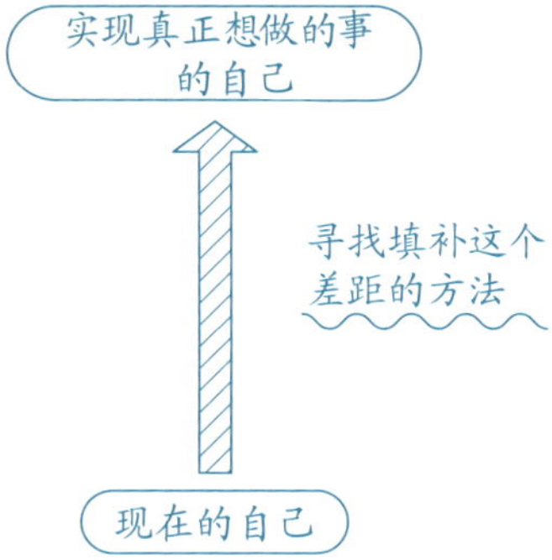

图 8-1

色彩浴效应和实现“想做的事”的手段是一样的。确定好“想做的事”之后,色彩浴效应开始发挥作用,实现“想做的事”所需的信息就会源源不断地冒出来。浏览信息时竖起“天线”，关注对自己想做的事有用的信息，从而不断地将它们收集起来。

我决定“构建自我认知体系并传授给别人，让更多的人热爱生活”时，其实完全不知道该怎么做。但我还是把它放到意识中的一个角落里。

这样做之后，有一天读书时，一篇题为“教你如何扩大讲座型项目”的文章映入我的眼帘。

“就是它了！”我这样想着，马上参加了文章作者的研讨会，他教我们如何做这类项目。

那之后不到一年的时间里，我就做成了参与者多达200人的项目。

你是不是从会骑车的父母那里学到了骑行方法才变得会骑了呢？同样，“想做的事”的实现方法也可以从已经拥有它的人那里学到。

不仅是我，这一现象还存在于完成自我认知项目的客户中。

例如H先生提出的“想做的事”是“让更多的人在森林中直面自己，控制自己的身心”。他调查之后发现世界上有很多人从事与森林相关的工作，实现手段越来越清晰。随后H先生在调查的过程中遇到了一场名为“培养提供森林浴项目的人”的讲座。

H先生发现这个讲座的时候说：“这是我一直想要的东西！这是命运的邂逅！”立马决定去参加了。如果决定了自己的“想做的事”，就会经常产生这种命中注定的感觉。

即使你还没有找到实现自己“真正想做的事”的手段，那也只是因为你不知道而已。现在马上竖起“真正想做的事”的天线，开始积极地收集信息吧。快的话一周，慢的话一个月也能找到实现手段了。

“真正想做的事”只能从自己身上寻找，但实现它的手段在社会上比比皆是。从现在起请从社会中寻找实现手段，逐渐把“真正想做的事”变成工作。

POINT

如果决定了“想做的事”，自然就可以找到实现手段。

掌握自我认知法，今后再也不会失败

我觉得自我认知就像魔法一样。这是因为掌握了自我认知的方法，人生的所有经历都可以变成“经验”。

把“失败”和“后悔”全部转化为经验，这就是“自我认知”的魔法杖。

我在便利店打工被炒鱿鱼的失败经历，让我意识到了自己不擅长按照别人的指示完成既定工作，这段经历变成了经验。我能开公司，只和自己喜欢的人打交道，过自由自在的生活，都是拜这段经历所赐。

虽然尝试搭了100次搭便车旅行，但怕生这一点完全没有改善，这段失败的经历让我发掘了自己“一个人能埋头做事”的长处。我之所以能够孜孜不倦地写博客、出版图书，也是多亏了这段经历。

为了钱而持续写不感兴趣的博客文章导致抑郁的经历，让我确信“必须把喜欢的事作为工作”。在将自我认知作为工作的过程中，我之所以能够坚持下来，就是因为有了这段经历。

相反，对失败和后悔等过去的消极经历视而不见的人，未来的人生只会平平无奇。

过去的消极经历是学习的宝库，如果掩盖了它，只向前看，人就无法学到其中的经验。

过去的消极经历就像“海胆”一样，又黑又有刺，让人害怕靠近和受伤，很麻烦。但一旦剥去壳，就会发现里面塞满了浓郁的海胆黄。

打开这个海胆壳，从里面取出最上等的海胆黄的技术是“自我认知”（见图8-2）。

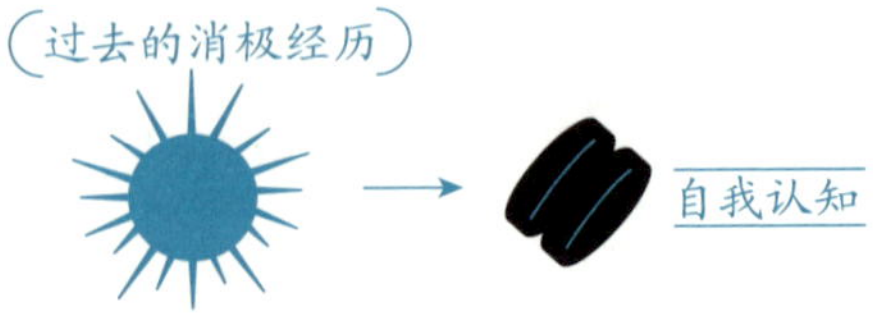

图 8-2

当然，每一段消极经历都很痛苦，我当时也没能想到将来会有出路。

我并不打算对处于痛苦状态的人说："向前看！你现在的经历一定会派上用场的！"

但是，当你从痛苦中平静下来，心情稍微变得积极想要迈出下一步的时候，通过自我认知法从痛苦的经历中学到一些经验的话，你的人生会得到提升。

因为从过去的失败中得到经验，就不会重复同样的失败。

通过自我认知，人生经验会加速积累。

当你回过神来的时候，你已经过着从前的自己无法想象的，无比充实的每一天。

到那时，过去的失败和后悔已经全部变成造就现在的你的"经验"了吧。

POINT 失败和后悔都会通过自我认知变成经验。

所谓成功并不是“达成目标”，而是“活出自我的这个瞬间”

我认为真正意义上的“成功”并不是达成什么大目标。能活出自我的当下这一瞬间，才是“成功”。

你是否被“赚钱就是成功”“得到别人的认可就是成功”这样的外在标准所束缚？如果这个工作能赚钱的话，就能变得成功、获得幸福——这是幻想。

我也很喜欢钱，我也很喜欢思考如何提高公司的销售额。那是因为金钱的数额，是将自己提供给社会的价值数据化的东西。对学生来说衡量成功的是考试成绩，对步入社会的人来说衡量成功的就是收入。

我今后仍会试图把这个数值变大，不断扩大自己带来的积极影响。但是有一个条件，那就是“用不对自己说谎的方式”。

大学毕业后我设了一个目标，那就是“一个月赚 100 万日元！”。在这个时期，我为了赚钱对自己撒了谎。当时在博客的咨询页面，我收到了一个付费工作，内容是“如果你能在自己博客上宣传这个商品，我就给你 10 万日元”。当时的我只要能赚到每月 100 万日元，什么都愿意做，于是毫不犹豫地答应了。但是，在写那个商品的宣传语的过程中，我发现心里有个疙瘩。

我无视了它，继续写了博客。博客内容公开后，很多读者都浏览了。委托人也因为反响很好而高兴。但是，我心里的疙瘩没有消失。原因显而易见。

因为我很清楚自己并不是发自内心地说：“我想推荐给你！”

那时候我才意识到，真正的幸福并不是得到金钱或名誉。对现在这一瞬间所做的事情感到充实才是幸福，才是人生的成功。

无论赚多少钱，如果对自己撒谎，内心郁郁寡欢，那都是失败。

从这段经历中，我决定放弃当一个在博客上介绍商品而生活的博主。

我决定不再介绍客户购买后我无法为其负责的第三方

商品，而是自己制作并销售真正想要推荐的商品。

虽然收入暂时下降了，但是我从对自己撒谎的烦闷心情中解放出来了，可以挺起胸膛生活了。

当然，如果做了诚实面对自己的工作，最后得到了金钱和名誉，那是很好的事情。

不论如何，我认为金钱和名誉都是附加的。只要能活出自我，那一刻就是成功的。在此基础上还能做出成果，就是大成功。因此，本书介绍了按照自己的方式生活的方法，以及按照自己的方式取得成果的方法。你会觉得活出自我的这一瞬间很幸福，如果在不断积累的过程中取得了成果，可以为之高兴，即使没有取得成果，也不算失败。

在奥运会上，每个项目只有一个人能获得金牌。但是谁都可以活出自己的样子，而且没有必要和别人竞争。

虽然取得成果需要时间，但在这个瞬间，你就能下定决心不对自己说谎。即使得不到他人的认可，即使赚不了多少钱，只要你能不欺骗自己，诚实地生活下去，从烦闷的心情中解放出来，那就是“成功”。

POINT

活出自我就是成功，在此基础上还能做出成果就是大成功。

尽快从寻找想做的事中“解脱”出来，成为“忘我的自己”

自我认知虽然很重要，但因为并不是很紧急的事情，所以在很多人心中它的优先级很低。

但是，如果你想找到“真正想做的事”，并将其作为工作的话，自我认知是最好的手段。不过说到底它也只是“手段”而已，目的是让你热爱自己的生活。

我非常痴迷于自我认知，直视自己内心的时候很开心，最快乐的是完成自我认知之后的人生。

不知道“真正想做什么”的状态，就像在跑没有终点的马拉松一样。因为不知道为什么要跑马拉松，所以也无法产生动力。

进行自我认知之后，人生就像游戏一样。因为想工作，早上自然就会醒来，到了晚上，则是忍住想继续工作的心情去睡觉。

我在中学时代沉迷网络游戏，把放学后的时间和零花钱都用在这上面，现在对工作着迷的状态和那时完全一样。这是当时觉得“虽然讨厌但为了生活费不得不去便利店打工”的自己无法想象的状态。

当你决定做“真正想做的事”并沉浸其中时，你拥有的潜力就会得到释放。

这是因为一旦你了解自我，就能决定想要到达的终点，并将能量集中在那个方向上。当周围的人都在复杂的社会中迷茫时，你在不断地成长并取得成果，人生逐渐得到提升。

所以，最后我想说的是：“赶快通过自我认知，找到想做的事吧。”

在开始寻找“想做的事”之后，我花了300万日元和两年半的时间，终于找到了“这才是我真正想做的事”的工作方式。

但是，你没必要花那么多钱和时间。

我在这本书中总结了可以把我学到的东西付诸实践的方法。请按照这些方法实践，用最快的速度找到“想做的事”。

我一边描绘着自我认知在日本变得理所当然、大家都沉浸其中的状态，一边写了这本书。

为了让整个日本都沉浸其中，我希望读完本书的各位读者，先通过自我认知来实现忘我的生活方式。然后，我希望你能把这种忘我的生活方式传授给周围的人。这样的话，本书的方法就能从日本传播到全世界，让所有人都沉浸在忘我的状态中。

以本书为参考，衷心希望你每天都能沉浸在“真正想做的事”中。

POINT

找到“想做的事”之后，开启最棒的人生。

找到“真正想做的事”的可视化流程图

在阅读的过程中，可能有很多人会感到迷茫，“不知道自己现在该做什么”。

作为本书的“结束语”，我以流程图的形式总结了为了找到“真正想做的事”需要做的事情。

当你不知道下一步该做什么时，请翻到这一页，重新梳理方向。

理解自我，你只需要做三件事。

1. 找到重要的事（价值观）。

2. 找到擅长的事（才能）。

3. 找到喜欢的事（热情）。

明确了这三点，把它们组合起来，“真正想做的事”和“实现手段”自然就找到了。

找到"真正想做的事"的可视化流程图

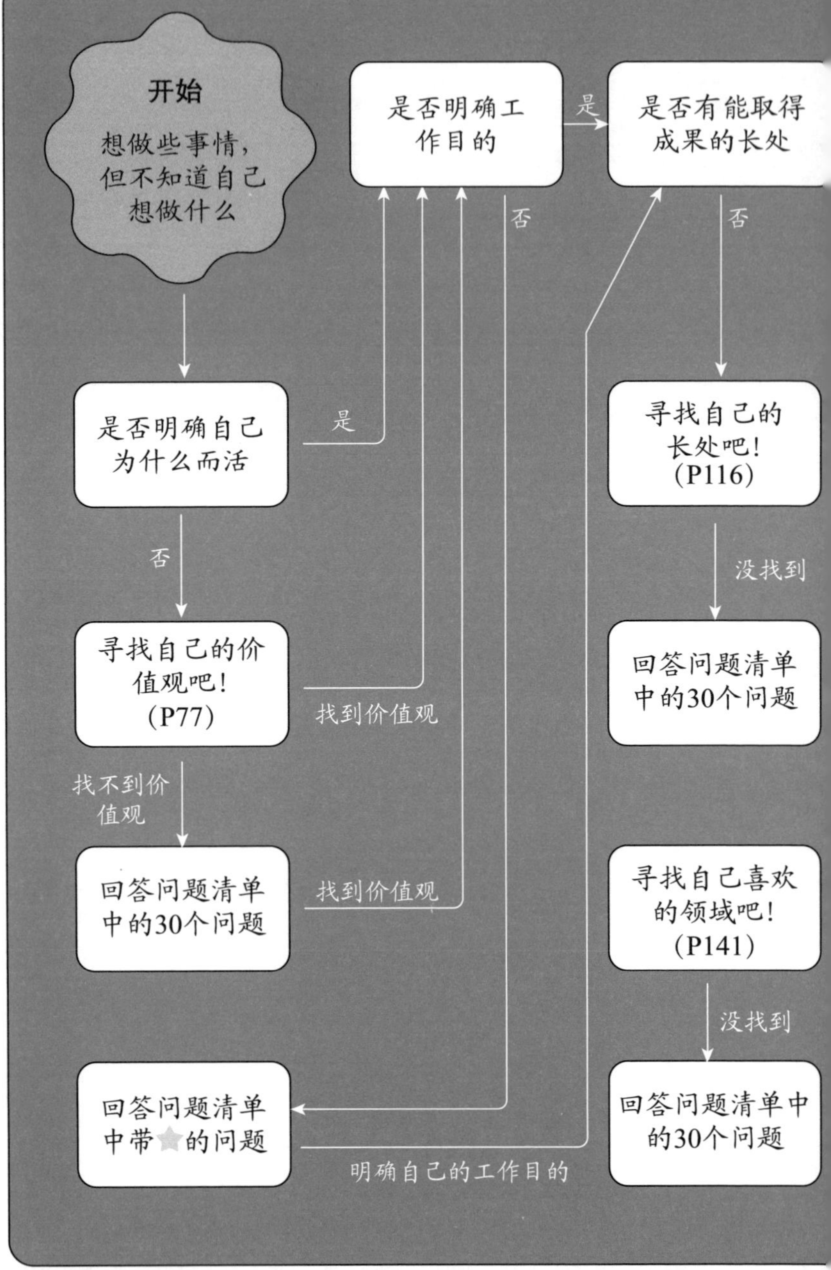

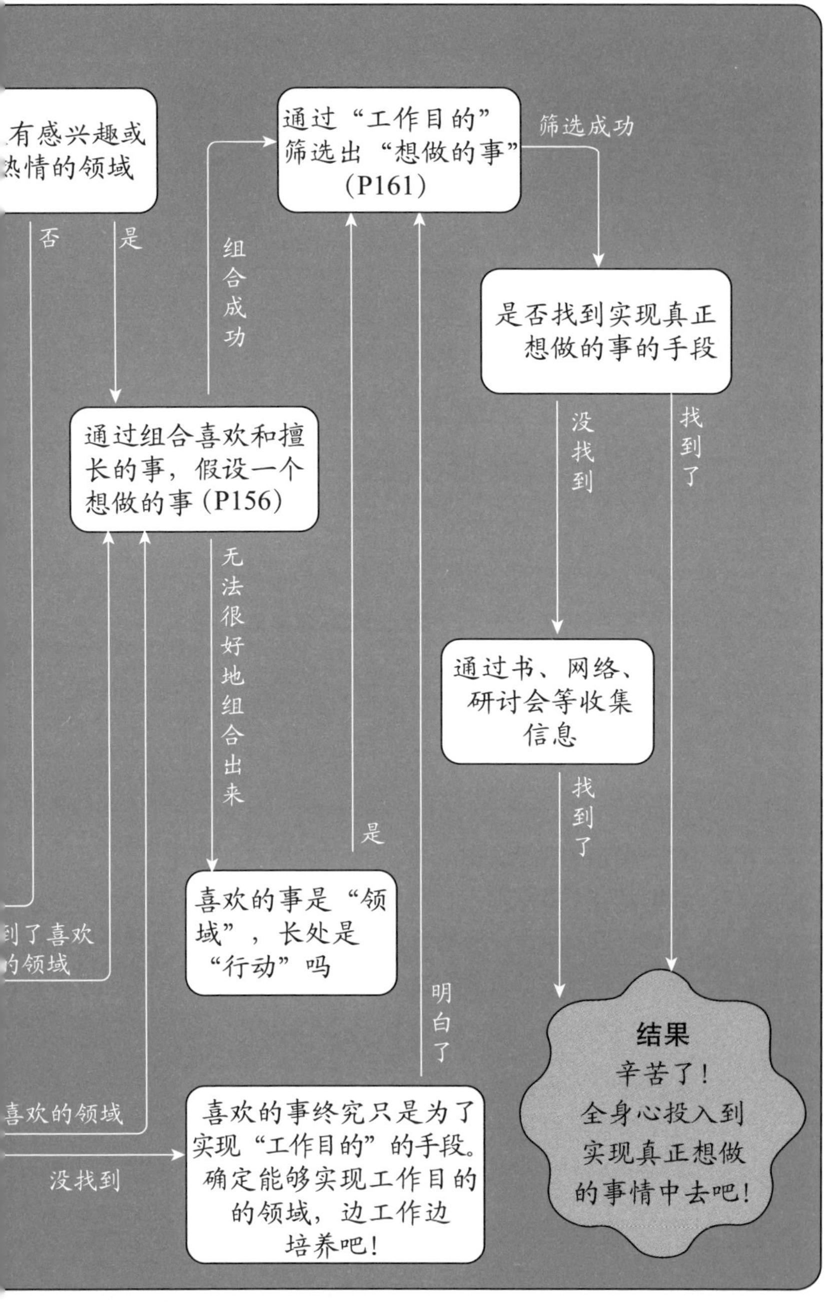

有感兴趣或
热情的领域
否
是
组合成功
通过“工作目的”
筛选出“想做的事”
(P161)
筛选成功
是否找到实现真正
想做的事的手段
通过组合喜欢和擅
长的事，假设一个
想做的事（P156）
没找到
找到了
无法很好地组合出来
通过书、网络、
研讨会等收集
信息
找到了
是
喜欢的事是“领
域”，长处是
“行动”吗
到了喜欢
的领域
明白了
结果
辛苦了！
全身心投入到
实现真正想做
的事情中去吧！
喜欢的领域
喜欢的事终究只是为了
实现“工作目的”的手段。
确定能够实现工作目的
的领域，边工作边
培养吧！
没找到

问题清单

30 个问题，找到自己重要的事（价值观）

1. 遇见谁时你会深受震撼？

那个人的哪些特征让你深受震撼？

那些特征跟你的哪些价值观有关？

2. 对现在的你影响最大的人是谁？

那个人的哪些行为、发言对你产生了影响？

3. 对于父亲的生活方式，哪些地方你喜欢，哪些地方你不喜欢？

你的价值观里有父亲的价值观的影子吗？

抑或是将父亲的价值观当作反面教材？

4. 对于母亲的生活方式，哪些地方你喜欢，哪些地方你不喜欢？

你的价值观里有母亲的价值观的影子吗？

抑或是将母亲的价值观当作反面教材？

5. 当你死后，你希望被周围的人如何评价呢？

从中可以发现你有什么样的价值观？

6. **迄今为止所有读过的书中，你最喜欢的是哪本?**

你喜欢那本书的哪个部分?

从中可以发现你有什么样的价值观?

7. **因为哪些事而感动?**

什么事情最令你感动?

从中可以发现你有什么样的价值观?

8. **假设你已经 80 岁了，请在____内填上相应的词句。**

我因为害怕____，所以曾经为此花费了过多的时间。我在____上几乎没有花时间。如果能够回到过去，我会在____上花更多的时间。

从中可以发现你有什么样的价值观?

9. **在职场或生活里，谁是你最不尊敬的人?**

你无法尊敬那个人的哪些特征?

那个人的反面蕴含着你的哪些价值观?

10. **从出生到小学阶段，最令你开心的事是什么?**

从中可以发现你有什么样的价值观?

11. 迄今为止的人生中，你做过什么关键的决定吗？

当时你最重视的判断标准是什么？

从中可以发现你有什么样的价值观？

12. 迄今为止你感到最骄傲的经历是什么？（人们按照价值观行动时，会感到骄傲。）

从中可以发现你有什么样的价值观？

13. 你最好的朋友或曾经要好的朋友是谁？你喜欢那个朋友的哪些地方？

从中可以发现你有什么样的价值观？

14. 迄今为止你最努力的经历是什么？

成为你的动力源泉的价值观是什么？

15. 你喜欢的名牌是什么？

从中可以发现你有什么样的价值观？

16. 请列出你感兴趣的事情。

从中可以发现你有什么样的价值观？

17. 迄今为止的人生中，什么是你最不能原谅的？
从中可以发现你有什么样的价值观？

18. 你什么时候感到最幸福？
从中可以发现你有什么样的价值观？

19. 5 年后，如果此刻写下的任何事情都会实现，你想写下什么呢？
从中可以发现你有什么样的价值观？

20. 迄今为止你做过什么重要的决策吗？
做那个决策时，你考虑了哪些因素？

21. 在职场或生活里，什么事情会让你感到骄傲？

22. 请回顾迄今为止的人生后再回答。在人生中，你想给周围的人带去什么样的影响？

23. 当下支配时间的方法，对你来说是否有意义？
如果有不足的地方，那会是什么呢？

24. 在职场或生活里，哪些人是你最尊敬的？
你尊敬那些人的哪些特征？

25. 你会通过分享什么来帮助周围的人？

26. 迄今为止你认为最好的领导是谁？
那个人做了什么让你这样认为？
从中可以发现你有什么样的价值观？

27. 迄今为止你认为最差劲的领导是谁？
那个人做了什么让你这样认为？
从中可以发现你有什么样的价值观？

28. 目前存在，但你认为在今后的人生中不需要存在的事物是什么？（例如，谄媚、应酬、暴饮暴食、逞强）
从中可以发现你有什么样的价值观？

29. 你会忍不住对什么说脏话，感到十分不满？（想说脏话是因为你看到过理想状态，对比之下的现状令你产生了不满。）

30. 请举出 10 个让你感叹“要是 XX 就好了”的例子，对于自己、他人、组织、社会上的任何事情，使用任何视角都可以。 ★

从中可以发现你有什么样的价值观？

标★的问题是让你从价值观思考“工作目的”的问题。

30 个问题，找到自己擅长的事（才能）

1. 什么是你从小就擅长或者曾经擅长的？
请回忆小学时光，把具体的经历写下来。
从中可以发现你擅长的事是什么？

2. 什么是你不怎么在意却能很好地完成的？（请具体描述。）

3. 请回顾迄今为止的人生中，你为某事着迷的时期。
为某事着迷的时候，你处在一个什么样的环境里？

4. 迄今为止，你被人说“谢谢”（被人感谢）的经历是什么？（请具体描述。）
从中可以发现你擅长的事是什么？

5. 请向你的朋友询问一下“我的弱点是什么”。
回答也许会刺耳……
反过来看，你擅长的事是什么呢？

6. 迄今为止，你经历过最大的挫折，最后悔的是什么？（感到受挫，后悔，是因为你花费了精力却没有成果。）

从中可以发现你擅长的事是什么？

7. 你喜欢自己的哪些地方？（你喜欢自己的那些地方，很多时候跟自己擅长的事有关。）

8. 你感到棘手的事是什么？

反过来看，你擅长的事是什么呢？

9. 对于现在的自己，你感到不足的地方是什么？

具体是什么情况让你有这种感受的？

反过来看，你擅长的事是什么呢？

10. 迄今为止，什么是你天生就会，能轻松搞定而完全不会感到累的？（天生就会的就是你擅长的事。）

11. 迄今为止，你认为周围的人“怎么这都做不到”的事情是什么？（之所以这样想，是因为那件事是你理所当然能做到的擅长的事。）

12. 请写下迄今为止周围的人称赞过你的话。

你是在什么情况下被称赞的?

从中可以发现你擅长的事是什么?

13. 在他人看来，你有什么样的性格?

在他人看来，什么是你适合做的?

从中可以发现你擅长的事是什么?

14. 长时间以来，你对什么感到困难和烦恼?

具体来说，什么经历让你产生了那种烦恼?

反过来看，从中隐藏的你擅长的事是什么?

15. 什么样的工作能让你沉迷其中?(请具体描述。人们能够沉迷于做自己擅长的事。)

16. 什么时候能让你感到兴奋?(请具体描述。人们做擅长的事时会感到兴奋。)

17. 休息日的时候你会做些什么?(自然而然去做的事就是你擅长的事。)

18. 你常被父母和老师提醒的事情是什么?（被他人提醒的方面往往是自己与众不同的地方。）

从中可以发现你擅长的事是什么?

19. 什么工作是你绝对不想干的?

从中可以看出什么是你感到棘手的或擅长的事吗?

20. 什么是你做了很长时间却不感到累的?（做了很长时间却不会感到累的事就是擅长的事。当然，一直做下去还是会感觉难受的。）

21. 什么时候你觉得在做自己?（做擅长的事时，你会感到是在做自己。）

22. 最近感到幸福充实的一天是怎样的一天?（做擅长的事时，你会感到充实。）

23. 和他人在一起时，被说过“××”吗?（“××”是你无意识中给人带去的能量。无意识中散发出来影响力的就是你擅长的事。）

24. 你没怎么付出却被周围的人表扬的事情是什么?

25. 有什么是你下意识就去做的?

26. 请回顾自己做事时的动机。

你的人生中，有什么是无意识做的?

从中可以发现你擅长的事是什么?

27. 你认为自己比他人做得更快或者做得更好的事情是什么?

从中可以发现你擅长的事是什么?

28. 做什么类型的工作时，你会感到自己最有效率?

从中可以发现你擅长的事是什么?

29. 做什么事情时你会感到心情舒畅?

从中可以发现你擅长的事是什么?

30. 什么样的课题、工作或活动会让你不厌其烦？

标准不要定太高，请举出 10 个例子。（“一直都不怎么看书，但 ×× 方面的书我却能读下来”这样具体的例子也可以。）

30 个问题，找到自己喜欢的事（热情）

1. 不需要考虑工作、金钱之类的条件时，你喜欢什么？

2. 有让你感到兴奋的话题，或让你感到热血的东西吗？

3. 你做什么事情时会感到幸福？
从中可以看出你喜欢的事是什么？

4. 如果不用担心金钱的问题，而且什么都能成为工作的话，你想做什么样的工作？（请暂时把“能不能”这样的判断从大脑中去掉再回答。）

5. 如果做任何工作都一定能被周围的人尊敬，你想从事什么工作呢？

6. 迄今为止学过的东西中，什么是你觉得有趣的？

从中可以看出你喜欢的事是什么？

7. 你会学习些什么内容呢？

从中可以看出你喜欢的事是什么？

8. 当你还是小学生（中学生）时，曾经梦想长大后从事的工作是什么？

那份工作吸引你的理由是什么？

从中可以看出你喜欢的事是什么？

9. 小学时，你沉迷的游戏是什么？（那些不被人影响而完全按照自己想法做的事，就是你单纯喜欢的事。）

10. 现在你有什么新的想做的事吗？

从中可以看出你喜欢的事是什么？

11. 迄今为止读过的所有书中，你最喜欢的是哪本？

从中可以看出你喜欢的事是什么？

12. 有哪些烦恼是你已经克服了的？或者有什么问题是你今后想解决的？

从中可以看出你喜欢的事是什么？

13. 当今社会，什么是你觉得有问题的？

从中可以看出你喜欢的事是什么？

14. 迄今为止，你在什么地方比其他人花费的时间更多？

从中可以看出你喜欢的事是什么？

15. 你喜欢和家人、朋友聊什么？

从中可以看出你喜欢的事是什么？

16. 如果有一周的休息时间，你想要干什么？

请具体描述。从中可以看出你喜欢的事是什么？

17. 有什么事物是在一般人看来贵而在你看来却便宜的？

从中可以看出你喜欢的事是什么？

18. 有什么是你想做却还没做的？

从中可以看出你喜欢的事是什么？

19. 你有什么兴趣爱好？（请按照小学、初高中，以及现在这3个阶段，分别写下彼时对应的兴趣爱好。兴趣爱好是你不用花钱也能做的。请列举所有的项目，无论你是否擅长。）

从中可以看出你喜欢的事是什么？

20. 什么是你经常搜索的？（请按照小学、初高中，以及现在这3个阶段分别填写。）

从中可以看出你喜欢的事是什么？

21. 在学校里你喜欢的科目是什么？

从中可以看出你喜欢的事是什么？

22. 你喜欢或者曾经喜欢的电视节目是什么？

从中可以看出你喜欢的事是什么？

23. 让你产生“它拯救了我！”这种感觉的事物、类型或者人是什么？

24. 请向家人或朋友询问“我看上去会对什么领域感兴趣？”

25. 你对什么会产生“为什么”“怎么做”之类的疑问？
从中可以看出你喜欢的事是什么？

26. 请回顾过去你一直抱有兴趣的主题。

27. 请回想自己的“工作目的”。
什么领域看起来能实现自己的价值观？
你对那个领域有兴趣吗？

28. 什么样的课题、工作或活动是你完全不能乐在其中的？
从中可以看出你不喜欢的事是什么？

29. 请站在第三方的角度去思考。
这个人（你）平时对什么感兴趣？

30. 你在网上关注的是什么领域的人？（在你持续接收信息的领域中，有你非常感兴趣的事。）

重要的事（价值观）100 例清单

1	发现	找出新的东西
2	正确性	正确传达自己的意见或信念
3	达成	完成一些重要的事
4	冒险	体验新鲜事物
5	魅力	保持身体的魅力
6	权力	负责任地领导他人
7	影响	控制他人
8	自律	不依赖他人，自己做决定
9	美	欣赏身边的美好事物
10	胜利	战胜自己或对手
11	挑战	处理较难的工作或问题
12	变化	过丰富多彩的人生
13	闲适	没有压力、悠闲地生活
14	誓约	绝不打破约定或誓言
15	同情心	同情、帮助他人
16	贡献	对世界做出贡献
17	助人	帮助他人
18	礼貌	礼貌、真诚地对待他人
19	创造	产生新的想法
20	信赖	成为有信用、能被信赖的人

（续）

21	义务	尽到自己的义务与责任
22	调和	营造和谐环境
23	兴奋	充满紧张、刺激的人生
24	诚实	不撒谎、真诚地生活
25	名声	有名气，被人认可
26	家族	组建幸福美满的家庭
27	强健	保持结实强壮的体格
28	灵活	轻松适应新环境
29	体谅	体谅他人
30	友情	结交亲密、互助的朋友
31	快乐	通过游玩享受人生
32	大方	与他人共享
33	信念	沿着自己认为正确的方向行动
34	信教	思考超越自己意志的存在
35	成长	向好的方向变化，保持成长
36	健康	健康生活
37	合作	与他人合作完成某事
38	正直	不撒谎、诚信
39	希望	对未来抱有希望
40	谦逊	小心谨慎的生活态度

（续）

41	幽默	看到人生及世界幽默的一面
42	独立	不依靠他人
43	勤勉	拼尽全力工作
44	平和	维持内心的稳定
45	亲密	与少数人建立亲密关系
46	公平	公平对待所有人
47	知识	学习、创造有价值的知识
48	余暇	轻松愉快地度过自己的时间
49	被爱	被亲近的人所爱
50	爱慕	爱慕某人
51	熟练	总能熟练掌握工作技巧
52	活在当下	集中精力，过好当下
53	谨慎	程度适中，避免过度
54	忠诚	找到互相爱着对方的那个唯一的人
55	反抗	质疑并挑战权威和规则
56	善于照料	照顾并培养他人
57	开放	以开放的心态面对新的体验、想法和选择
58	秩序	井井有条地生活
59	热情	对某些活动抱有强烈的感情
60	高兴	心情愉悦

（续）

61	人气	被很多人喜欢
62	目的	思考人生意义，定下人生方向
63	合理	追求理性与伦理
64	现实	活在当下，勇于实践
65	责任	负责任地行动
66	风险	承担风险，把握机会
67	浪漫	谈火热的恋爱
68	安心	有安全感
69	接纳	接纳真实的自己和他人
70	自制	自我控制
71	自尊心	自我肯定
72	自我认知	对自己有着深刻的理解
73	献身	服侍某人
74	性爱	富有激情、满足感的性生活
75	极简	过最低限度的、极简主义的生活
76	孤独	远离他人，拥有个人的时间与空间
77	精神性	精神的成长、成熟
78	安定	安稳、固定的人生
79	宽容	尊重、接受与自己不同的存在
80	传统	尊重过去传承下来的习惯

（续）

81	美德	过着有道德的、正确的生活
82	富裕	成为有钱人
83	和平	维护世界和平
84	发挥	发挥自己120%的能力
85	真理	真理、真实、哲学
86	庄重	庄严、稳重
87	原本的样子	不做作，保持本色
88	沉迷	专注于眼前的事物
89	努力	为了某个目标而拼尽全力
90	领会	深思熟虑后做决定
91	自由	不受任何约束地生活
92	表现	向世界展示自己
93	同一性	比起自己，更能感受到与世间万物的联系
94	钻研	经常寻找更好的方法
95	专业	不盲从，全力以赴
96	玩味	深刻理解眼前的事物
97	宽裕	在时间、金钱等方面有富余
98	克服	克服困难，取得成长
99	同伴	与有着相同目标的伙伴一起奋斗
100	简朴	简单、朴素、畅快地生活

擅长的事（才能）100 例清单

	成为长处	才能	成为短处
1	灵活改变做法，更有效地开展工作	用更有效的办法去实践	没有变化就会感到厌烦
2	能够举办大型活动	掌控全局的指挥官	讨厌常规业务
3	善于配置人才资源	组合高生产率团队	让周围的人感觉混乱
4	补充自身不足的技能和知识	改善	勉强去改变无法改变的人时会感到疲倦
5	察觉问题出现的根本原因并解决它	解决问题	没有需要解决的问题时无所适从
6	直面问题	找出问题	过于消极
7	通过结构化提高效率	建立秩序	无法应对突发状况
8	习惯做必要的事情	按部就班	难以应对变化
9	按照计划切实推进工作	制订计划	计划打乱后感到焦虑
10	平等对待每个人	公平公正	不允许偏袒现象

（续）

	成为长处	才能	成为短处
11	根据规则正确行事	遵守规则	在没有规则的情况下陷入混乱
12	制定大家都能接受的规则	制定公平的规则	不允许例外
13	能在仔细讨论后做出没有风险的决断	深思熟虑	在没有判断标准时陷入烦恼
14	不犯错	慎重制订计划	工作速度慢
15	引出他人的话题	隐瞒自己的想法	需要花很长时间才能说出心里话
16	为世界、人类而行动	伦理观念强	对于不认可的工作提不起兴趣
17	组织的前进方向出现偏差时，调整回原来的方向	有一贯性	变得顽固
18	不为金钱所动，受人信赖	有献身精神	牺牲自己
19	受到周围人的信赖	有责任感	无法拒绝他人的请求
20	很好地完成被分配的任务	重视任务的分配	任务分配不明确时不知道该做什么
21	严格遵守与他人的约定	遵守约定	要求他人也要严格遵守约定

（续）

	成为长处	才能	成为短处
22	不断地完成工作	尽可能完成更多的工作	因无法回顾过去的工作而常感到焦虑
23	不浪费时间	尽可能更有效率地工作	成为工作狂
24	活跃团队	有活力	因要求他人跟自己一样活力四射，而使他人感到疲惫
25	明确工作的先后顺序	只做有利于实现目标的事	认为做与实现目标不相关的事（人际交往、其他的娱乐活动等）是浪费时间的，因此完全不做
26	朝着目标径直前进	达到目标	没有目标就没有动力
27	对偏离路线的人进行修正	发现通往目标的路线	遗漏目标以外的发现
28	一边实践一边学习	有行动力	思考前就开始行动
29	不断尝试新事物	尝试新的事物	经历本不用经历的失败
30	号召周围的人行动	鼓励他人	因太过着急而使他人感到疲惫
31	有对手就会斗志昂扬	有胜负心	感觉赢不了的时候就会放弃

（续）

	成为长处	才能	成为短处
32	为了得到评价而做出成果	想得到可量化的评价	拘泥于数字而忽视目的
33	为战胜他人成为第一而竭尽全力，努力到最后	想成为第一	过于关注胜负而忽视目的
34	善用比喻吸引听众的注意力	能说会道	如果没有真才实学会让人觉得肤浅
35	通过语言让他人行动起来	语言有感染力	说话浮夸
36	善于鼓舞他人	有感染力	想要支配他人
37	精益求精	不满于现状	专注于细节而无法前进
38	决定理想后努力奋斗	有远大理想	与理想相距甚远时失去自信
39	通过强项取得很好的成绩	喜欢发挥强项	完全不做没有兴趣或不擅长的事
40	在受到重视的环境里发挥作用	想成为重要的存在	在不被重视的情况下失去动力
41	为得到他人的感谢而发挥作用	想得到他人的感谢	当感到不被认可时失去动力
42	在被他人关注的地方发挥作用	想得到他人的关注	过于强调自己，而不善于团队协作

（续）

	成为长处	才能	成为短处
43	带领团队	有自信、能承担责任	不依靠他人
44	有挑战精神	相信自己的潜力	被他人认为自以为是
45	自发地行动	走自己的路	不听取他人意见
46	认识新人	被人喜欢	怕被人讨厌
47	帮助建立人与人的联系	联系他人	被重视深交的人认为是肤浅的
48	建立庞大的关系网	广交朋友	无法拒绝他人的请求
49	善于控制他人	强势主张自己的意见	被认为是强权的
50	善于做指示 善于把控事态的发展	掌握主动权	不愿被人指点
51	有领导力	通过制定明确的目标来感染他人	引起不必要的对立
52	能对理所当然的事情心存感激	可以通过直觉找出事物间的关联性	不善于向人解释这些关联
53	给人安心感	留有余地	因看上去比较平和，所以有可能被他人误以为是没有干劲的

（续）

	成为长处	才能	成为短处
54	当不被当作个体而是整体中的一部分时能发挥作用	感觉到与世界的联系	被认为是不同寻常的、偏离现实的
55	善于做出色的听众	善于让人说出心里话	陷入他人消极的情感中
56	共情能力强	观察他人的情绪	认为他人应该与自己一样容易产生共情而感叹“为什么其他人就体会不到呢”
57	善于帮助他人	站在他人的角度思考	无法说真心话
58	能够合理安排，使每个人都能发挥自己长处	发现他人的长处	太过重视个人而牺牲团队整体的进度
59	重视多样性	发现他人的个性	讨厌常规
60	能够根据每个人的特点而采取细致入微的应对方式	观察人性	因对每个人都采取不同的应对方式而导致时间不够用
61	一对一建立深层联系，像重视家人那样重视工作上的伙伴	喜欢亲密的关系	偏袒关系好的人
62	与关系好的人一起工作时充满力量	有很强的同伴意识	在看重形式的职场无法较好地开展工作

（续）

	成为长处	才能	成为短处
63	诚实且受信赖	建立稳固的人际关系	需要花费时间，一对一地建立关系
64	能够耐心地鼓励他人	相信他人的潜力	让他人在不适合自己的领域中努力
65	注意到他人微小的进步并告诉他	关注他人的成长	忽视自己
66	让他人注意到自己能做的事	为他人的成长加油鼓气	变得多管闲事
67	善于应对纠纷，善于调停	找到双方能达成一致的地方前进	就算与他人的意见不同，为避免出现纠纷也会选择牺牲个人的想法
68	善于协商做出决定	避免对立	被认为是没有主见的
69	从现实的角度推进工作	现实	不擅长出主意
70	适应组织	适应环境	被他人的要求左右
71	善于应对突发状况	变通	对可能预测到的、重复出现的事感到厌倦
72	调整自己适应当下的状况	重视当下	不擅长制订计划，每天随波逐流

（续）

	成为长处	才能	成为短处
73	不管什么样的人，都能将他安排到合适的位置来提升团队合作水平	扩大组织	讨厌脱离伙伴
74	成为团队的核心	宽容	不擅长说严肃的话
75	让团队有整体感	心胸宽广	与特立独行的人产生冲突
76	总是充满活力	乐观	不善于做细致的工作
77	善于激发他人的斗志	激励他人	被认为是不进行深入思考的人
78	意志消沉时睡一觉，第二天就能恢复	关注好的一面	假装看不到不好的地方或问题所在
79	不断学习新技术	掌握新的东西	不重视输出就只停留在学习阶段
80	学习最先进的技术	学习最前沿的东西	对知识了解到一定程度后就感到厌倦
81	引导人类走向更好的未来	常心存希望	因为说明不充分而无法传达给他人
82	再现过去成功的模式	回顾过去	被过往束缚
83	不会失去目标	回望原点	因获取信息不足而不知道原点所在而无法行动

（续）

	成为长处	才能	成为短处
84	善于调查	收集信息	不重视输出，只会不断输入信息
85	具备多领域的知识	对很多领域充满好奇	不深入研究的话，知识只停留在表面
86	及时提供他人需要的信息	利用收集的信息做出成果	对信息不做整理就无法灵活利用，使信息失去价值
87	建立体系并传授给别人	系统化思考	只思考不行动
88	考虑各种可能后，找到推进事物发展的最佳途径	找到最佳路线	凭借直觉找到达成目的的方法，认为其他人也是一样的而疏于信息共享
89	因为能想到多个方法，所以在取得成果前，会耐心寻找可能的方案	找到多条路线	不愿意总用同样的方法来推进事物的发展
90	善于想办法	抽象思考	因为思维跳跃，所以会被人说“完全不懂你在讲什么”
91	擅长创造，有创新思维	在没有联系的事物间找共同点	非现实性的
92	喜欢新事物	有好奇心	容易厌倦

（续）

	成为长处	才能	成为短处
93	从各个角度思考事物并找到其本质所在	喜欢思考	花太长时间思考而导致行动变慢
94	通过提问让人深刻思考	对自己或他人提问	思考时因忽略周围的情况而显得很冷漠
95	通过梳理，把复杂的事情简单地说明白	仔细思考	没有整理好思绪的话，无法很好地进行说明
96	善于分析情报	喜欢事实	过于注重分析而无法行动
97	对于感性的问题也能冷静公平地处理	客观	忽视感情
98	能够用逻辑判断	有逻辑	因总问“为什么”而被人认为是多疑的
99	根据未来反推现在，再采取行动	想象未来	不考虑实现的可行性
100	通过谈论理想来提升团队的动力	从理想中获得能量	没有付诸实践的话，会被认为是空想家，提出的想法也会被轻视

喜欢的事（热情）100 例清单

1	动物	22	杂志
2	花	23	报纸
3	农业	24	游戏
4	林业	25	动画
5	宇宙	26	漫画
6	自然环境	27	运动
7	机器人	28	综合格斗
8	IT	29	锻炼
9	电脑	30	户外
10	艺术	31	旅行
11	摄影	32	观光
12	商品设计	33	主题公园
13	平面设计	34	旅馆
14	音乐	35	婚礼
15	诗歌	36	葬礼
16	乐器	37	汽车
17	文娱活动	38	飞机
18	表演	39	自行车
19	电影	40	船
20	电视	41	火车
21	书	42	时尚

（续）

43	美容	66	不动产
44	放松	67	性
45	烹饪	68	电机
46	点心	69	文具
47	营养	70	心理
48	酒	71	演艺
49	建筑	72	休闲
50	土木工程	73	宣传
51	室内装饰	74	市场营销
52	医疗技术	75	化学
53	康复	76	玩具
54	药	77	食品
55	社会福利	78	电力
56	学校教育	79	视频
57	保育	80	经济
58	政治	81	哲学
59	法律	82	家庭
60	语言学	83	烟草
61	国际	84	咨询
62	金融	85	运输
63	商务	86	宗教
64	职业规划（就职和跳槽）	87	文艺
65	经营	88	办公

（续）

89	治安	95	日常生活
90	护理	96	饮食
91	医疗	97	行政
92	医疗辅助	98	服务业
93	恋爱	99	物流
94	结婚	100	营业、销售

致谢

在此，向在本书问世前一直支持我的人们表示感谢。

首先，谢谢角川书店的小川先生。你经常站在读者的角度对本书提出建议，所以我才能名副其实地完成这本书。当我对原稿不满意而决定重写的时候，你在身后支持我，让我不要急躁，慢慢来，真的非常感谢。本书能够打磨到令人满意的程度，多亏了小川先生。

其次，谢谢在最近的地方守护着我的妻子匡美。在我脑子里只想着写书，一直在谈论书的时候，感谢你在旁边温暖地支持我。在遇到你之前，我一直过着吃垃圾食品的生活，每个月都会感冒一次。在写书的过程中，我从没生过病，因为你每天早晚都为我做美味的饭菜。多亏了你，这本书才得以写成。

再次，感谢阅读了原稿并协助修改的各位。

最后，感谢各位读者花了人生宝贵的时间来阅读本书。

如果学习完本书的方法，您仍然觉得意犹未尽，别急，作者精心准备了一份“特别补充锦囊”，请扫描下方二维码获取：

衷心祝愿大家都能热爱生活的

八木仁平